線形回路理論

髙木茂孝 著

朝倉書店

本書は，株式会社昭晃堂より出版された同名書籍を再出版したものです．

まえがき

　本書はフィルタの入門書である．本書の第1章で述べられているように，線形回路，より正確には線形時不変回路は入力信号の周波数に応じて，その振幅と位相を変化させた信号を出力する回路である．このような機能を持つ回路はフィルタと呼ばれている．本書は，線形時不変回路の性質を段階を追って説明し，最終的にはフィルタを構成することを目的とした教科書であり，電気・情報系の学部2年生ないし3年生の学生に対する半年間の講義を想定して書かれたものである．各章には，本文の説明を一層明確にするために，文中にできるだけ多くの例題を示し，読者の理解を助けるために，問を設けている．さらに，章末には，読者の理解をより深めるための演習問題も用意している．これらの問や演習問題には，紙面の許す限り，できるだけ詳細な解答を与えているので，本書は自習書としても使うことができる．

　本書は，6章から構成されている．第1章は主として交流回路理論について，第2章はラプラス変換について書かれている．これらを学んだことのある読者は，これらの章を読み飛ばしてもらって結構である．次に，第3章から第5章までが線形回路の性質について述べた章である．第3章では，エネルギー関数や正実関数，リアクタンス関数など，線形回路理論に欠かすことのできない関数の性質について述べている．第4章では，第3章で得られた知見を基に，2種類の素子からなる回路の合成方法について説明している．第5章では，フィルタ構成の準備として，2端子対回路の性質を明らかにしている．最後に，第6章において，フィルタの概要について説明し，フィルタの簡単な特性の決定方法や第3章から第5章までで得られた結果を基にしたフィルタの構成方法について述べている．

　フィルタは信号処理の基本であり，第6章で述べる抵抗両終端型LCフィルタなどは形を変え，集積回路に用いられることもある．今後も，フィルタが信号処理において欠かすことのできない重要な構成要素の一つであることは疑う

余地はない．本書により，フィルタに関する読者の理解が少しでも深まれば著者にとって望外の喜びである．また，本書を執筆するに当たり，多くの著書を参考にさせて頂いた．参考にした主な著書を本書の最後に記している．これらの著書を執筆された諸先生方に敬意と謝意を表す．最後に，内容には万全を期したつもりであるが，著者の浅学による誤りなどを見つけられたらご指摘頂ければ幸いである．

2004年7月

東京工業大学　髙木茂孝

目　　次

1　線形回路の基礎

- 1.1　線形回路とは ……………………………………………………………… 1
  - 1.1.1　線形性と時不変性 …………………………………………………… 1
  - 1.1.2　線形時不変回路の性質 ……………………………………………… 2
- 1.2　回　路　素　子 ………………………………………………………………… 5
  - 1.2.1　2端子素子 ……………………………………………………………… 5
  - 1.2.2　電　　　源 ……………………………………………………………… 7
- 1.3　回路の法則，定理 …………………………………………………………… 9
  - 1.3.1　キルヒホッフの法則 ………………………………………………… 9
  - 1.3.2　線形性と重ね合わせの理 …………………………………………… 10
  - 1.3.3　抵抗，インダクタ，容量の時不変性 ……………………………… 12
  - 1.3.4　正弦波交流信号の複素表示 ………………………………………… 12
  - 1.3.5　テブナンの定理 ……………………………………………………… 16
- 1.4　節点解析と閉路解析 ………………………………………………………… 19
  - 1.4.1　節　点　解　析 ………………………………………………………… 20
  - 1.4.2　閉　路　解　析 ………………………………………………………… 21
  - 1.4.3　節点解析と閉路解析の比較 ………………………………………… 22
- 演　習　問　題 ……………………………………………………………………… 25

2　線形回路の時間応答

- 2.1　微分方程式による解法 ……………………………………………………… 29
  - 2.1.1　LR回路の時間応答 …………………………………………………… 29
  - 2.1.2　LCR回路の時間応答 ………………………………………………… 31

2.1.3　一般的な LCR 回路 ……………………………………………… 35
2.2　ラプラス変換による解法 ………………………………………………… 36
　　2.2.1　ラプラス変換の定義 ………………………………………………… 36
　　2.2.2　ラプラス変換の性質 ………………………………………………… 38
　　2.2.3　ラプラス変換による線形回路の解析 ……………………………… 41
　　2.2.4　ラプラス変換と正弦波定常励振応答 ……………………………… 46
演 習 問 題 ……………………………………………………………………… 49

3　回路関数の性質

3.1　回路の受動性 ……………………………………………………………… 53
3.2　テレゲンの定理 …………………………………………………………… 56
3.3　エネルギー関数と正実関数 ……………………………………………… 61
　　3.3.1　エネルギー関数の導出 ……………………………………………… 61
　　3.3.2　正実関数の性質 ……………………………………………………… 63
　　3.3.3　フルビッツ多項式 …………………………………………………… 68
3.4　リアクタンス関数の性質 ………………………………………………… 69
　　3.4.1　リアクタンス関数に関する諸定理 ………………………………… 69
　　3.4.2　リアクタンス関数とフルビッツ多項式 …………………………… 74
演 習 問 題 ……………………………………………………………………… 77

4　2種素子回路の合成

4.1　LC 2 端子回路の合成 …………………………………………………… 79
　　4.1.1　部分分数展開による合成 …………………………………………… 79
　　4.1.2　連分数展開による合成 ……………………………………………… 82
4.2　RC 2 端子回路および LR 2 端子回路の合成 ………………………… 87
　　4.2.1　RC 2 端子回路の性質 ……………………………………………… 87
　　4.2.2　LR 2 端子回路の性質 ……………………………………………… 89
　　4.2.3　RC 2 端子回路および LR 2 端子回路の合成 …………………… 91

演習問題 …………………………………………………………………… 98

5　2端子対回路の表現と性質

5.1　2端子対回路パラメータ ……………………………………………… 100
 5.1.1　2端子対回路の記述条件 ………………………………………… 100
 5.1.2　各種2端子対回路パラメータ …………………………………… 100
 5.1.3　2端子対回路パラメータが存在しない場合 …………………… 105
5.2　2端子対回路の相互接続 ……………………………………………… 107
 5.2.1　直 列 接 続 ………………………………………………………… 107
 5.2.2　並 列 接 続 ………………………………………………………… 108
 5.2.3　縦 続 接 続 ………………………………………………………… 110
 5.2.4　その他の相互接続と相互接続における例外 …………………… 110
5.3　2端子対回路パラメータの相互変換 ………………………………… 112
 5.3.1　ZパラメータとYパラメータの相互変換 ……………………… 112
 5.3.2　YパラメータとFパラメータの相互変換 ……………………… 112
5.4　2端子対回路の性質 …………………………………………………… 114
 5.4.1　可 逆 定 理 ………………………………………………………… 114
 5.4.2　2端子対リアクタンス回路の性質 ……………………………… 116
 5.4.3　LC2端子回路の駆動点インピーダンスの性質 ……………… 121
演習問題 …………………………………………………………………… 123

6　フィルタの構成

6.1　フィルタの概要 ………………………………………………………… 127
 6.1.1　理想フィルタ特性 ………………………………………………… 128
 6.1.2　実際のフィルタ特性 ……………………………………………… 129
6.2　伝達関数の設計 ………………………………………………………… 129
 6.2.1　振幅最大平坦特性 ………………………………………………… 130
 6.2.2　その他の特性 ……………………………………………………… 131

  6.2.3 周波数変換 ………………………………………………………… 132
6.3 LC フィルタの構成 ……………………………………………………… 134
  6.3.1 R–∞ 型構成 ……………………………………………………… 134
  6.3.2 0–R 型構成 ……………………………………………………… 137
  6.3.3 R–R 型構成 ……………………………………………………… 139
演 習 問 題 ……………………………………………………………………… 148

問 題 解 答 ……………………………………………………………………… 152

索 引 ………………………………………………………………………… 199

1

線形回路の基礎

本書は，インダクタや容量などの集中定数素子を用いた線形回路，より正確には線形時不変回路と呼ばれる回路の性質や特徴を理解し，これらの知識に基づいて線形回路を構成することを目的としている．本章では，まず，線形回路の働きについて述べ，本書の目的をより明確にする．次に，線形回路を学習していく上で必要となる，回路に関する基礎的な事項について説明する．

1.1 線形回路とは

本書で取り扱う，線形時不変回路とは，線形性と時不変性という二つの性質を兼ね備えた回路である．以下では，線形性と時不変性を定義し，これらの定義から線形時不変回路の性質を導く．

1.1.1 線形性と時不変性

入力 $f_1(t)$ に対して出力 $g_1(t)$ が得られ，入力 $f_2(t)$ に対して出力 $g_2(t)$ が得られる回路があるとする．ただし，変数 t は時刻を表している．この回路に任意の定数 a_1, a_2 を用いて作った入力 $a_1 f_1(t) + a_2 f_2(t)$ を加える．このときに得られる出力が $a_1 g_1(t) + a_2 g_2(t)$ であるならば，「この回路は線形である」という．

また，入力 $f(t)$ に対して出力 $g(t)$ が得られる回路があるとする．このとき，任意の時間 t_0 だけ遅らせて入力を加えたとする．すなわち，入力 $f(t - t_0)$ を

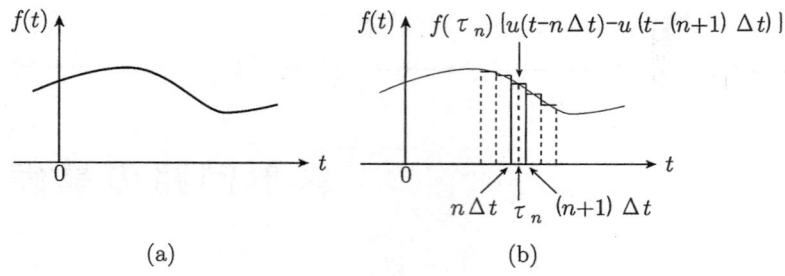

図 1.1 関数の近似

加える.このときに得られる出力が $g(t - t_0)$ であるならば,「この回路は**時不変である**」という.

1.1.2 線形時不変回路の性質

図 1.1(a) に示す関数 $f(t)$ を,ある関数 $\xi_n(t)$ の重み付き和で近似することにより,線形時不変回路に $f(t)$ を入力したときの出力 $g(t)$ を求める.

まず,$f(t)$ を近似した関数 $\hat{f}(t)$ を

$$\hat{f}(t) = \sum_{n=-\infty}^{\infty} a_n \xi_n(t) \tag{1.1}$$

とする.ただし,a_n $(n = -\infty \sim \infty)$ は定数である.さらに,関数 $\xi_n(t)$ がある一つの関数 $\xi_0(t)$ の時間シフトで表されるとする.すなわち,$\xi_n(t)$ が $\xi_0(t)$ を用いて

$$\xi_n(t) = \xi_0(t - n\Delta t) \tag{1.2}$$

と表されるとすると,$\hat{f}(t)$ は

$$\hat{f}(t) = \sum_{n=-\infty}^{\infty} a_n \xi_0(t - n\Delta t) \tag{1.3}$$

となる.ただし,Δt は最小の時間シフト量を表している.ここで,式 (1.2) で表される性質を持つ,できるだけ簡単な関数として

$$\xi_0(t) = u(t) - u(t - \Delta t) \tag{1.4}$$

を用いる．ただし，関数 $u(t)$ は

$$u(t) = \begin{cases} 1 & t > 0 \\ 0 & t < 0 \end{cases} \tag{1.5}$$

であり，**ステップ関数**と呼ばれている．式 (1.4) の $\xi_0(t)$ は方形波を表しており，これを用いれば図 1.1(b) に示すように，a_n は $f(\tau_n)$ に置き換えられるので $\hat{f}(t)$ は

$$\hat{f}(t) = \sum_{n=-\infty}^{\infty} f(\tau_n)\{u(t-n\Delta t) - u(t-(n+1)\Delta t)\} \tag{1.6}$$

となる．

次に，関数 $\hat{f}(t)$ を線形時不変回路に入力した場合の出力を $\hat{g}(t)$ とする．$\hat{g}(t)$ は，線形性および時不変性から，関数 $u(t)$ を線形時不変回路に入力した場合に得られる出力 $h(t)$ を用いて

$$\hat{g}(t) = \sum_{n=-\infty}^{\infty} f(\tau_n)\{h(t-n\Delta t) - h(t-(n+1)\Delta t)\} \tag{1.7}$$

と表すことができる．

図 1.1 から明らかなように，$\Delta t \to 0$ とすれば，$\hat{f}(t)$ は $f(t)$ となり，したがって，$\hat{g}(t)$ は $f(t)$ を入力としたときの出力 $g(t)$ となる．このことに基づき，式 (1.7) から $g(t)$ を求めると

$$\begin{aligned} g(t) &= \lim_{\Delta t \to 0} \hat{g}(t) = \lim_{\Delta t \to 0} \sum_{n=-\infty}^{\infty} f(\tau_n) \frac{h(t-n\Delta t) - h(t-(n+1)\Delta t)}{\Delta t} \Delta t \\ &= \lim_{\Delta t \to 0} \sum_{n=-\infty}^{\infty} f(\tau_n) \frac{h(t-(n+1)\Delta t + \Delta t) - h(t-(n+1)\Delta t)}{\Delta t} \Delta t \end{aligned} \tag{1.8}$$

となる．この式において

$$\lim_{\Delta t \to 0} \frac{h(t-(n+1)\Delta t + \Delta t) - h(t-(n+1)\Delta t)}{\Delta t} \tag{1.9}$$

は関数 $h(t-(n+1)\Delta)$ の微分の定義式であり，

$$\lim_{\Delta t \to 0} \sum_{n=-\infty}^{\infty} f(\tau_n) \Delta t \tag{1.10}$$

は $f(t)$ の積分の定義式である．さらに，$\Delta t \to 0$ のとき，$(n+1)\Delta t$ が τ_n に近づくことから，$g(t)$ は

$$g(t) = \int_{-\infty}^{\infty} f(\tau) h'(t-\tau) d\tau \tag{1.11}$$

となることがわかる．ただし，$h'(t)$ は関数 $h(t)$ の t に関する微分である．$h'(t)$ は，入力としてインパルス†を加えたときの出力であるので，インパルス応答と呼ばれている．

式 (1.11) の積分を特に**畳み込み積分**と呼ぶ．畳み込み積分の性質の一つとして，交換法則が成り立つ．すなわち，$x = t - \tau$ とすると

$$
\begin{aligned}
g(t) &= \int_{-\infty}^{\infty} f(\tau) h'(t-\tau) d\tau \\
&= \int_{\infty}^{-\infty} f(t-x) h'(x)(-dx) \\
&= \int_{-\infty}^{\infty} f(t-\tau) h'(\tau) d\tau
\end{aligned}
\tag{1.12}
$$

が成り立つ．

ここで，入力 $f(t)$ として，複素正弦波を加えた場合の出力 $g(t)$ について考えてみよう．複素正弦波とは

$$f(t) = A(\cos \omega t + j \sin \omega t) \tag{1.13}$$

と表される，実部が cos 関数，虚部が sin 関数の信号である．ただし，A は振幅，ω は角周波数，j は虚数単位である．簡単のため振幅 A を 1 とし，この式にオイラーの公式を用いると，$f(t)$ は

$$f(t) = e^{j\omega t} \tag{1.14}$$

となる．さらに，表記を簡単にするためにインパルス応答 $h'(t)$ を $k(t)$ に置き換えると，出力 $g(t)$ は式 (1.12) から

$$g(t) = \int_{-\infty}^{\infty} e^{j\omega(t-\tau)} k(\tau) d\tau = K(j\omega) e^{j\omega t} \tag{1.15}$$

となる．ただし，$K(j\omega)$ は

$$K(j\omega) = \int_{-\infty}^{\infty} k(\tau) e^{-j\omega \tau} d\tau \tag{1.16}$$

であり，$k(t)$ のフーリエ変換である．$K(j\omega)$ は，時刻 t には無関係な関数であるので，式 (1.15) から，線形時不変回路では入力と出力の周波数が常に一致することがわかる．また，$K(j\omega)$ を

$$K(j\omega) = A(\omega) e^{j\theta(\omega)} \tag{1.17}$$

---

† $\delta(t)$ のこと．$\delta(t)$ については第 2 章の演習問題を参照のこと．

と表すこともできる．ただし，$A(\omega)$ と $\theta(\omega)$ はそれぞれ

$$A(\omega) = |K(j\omega)| \tag{1.18}$$

$$\theta(\omega) = \arg K(j\omega) \tag{1.19}$$

である．この式から線形時不変回路では，入力の周波数に応じて出力の振幅と位相が変わることがわかる．入力の周波数に応じた出力の振幅の変化を表す $A(\omega)$ を**振幅特性**，出力の位相の変化を表す $\theta(\omega)$ を**位相特性**と呼んでいる．

[問 1.1] インパルス応答のラプラス変換 $K(j\omega)$ が

$$K(j\omega) = \frac{A_n(\omega)e^{j\theta_n(\omega)}}{A_d(\omega)e^{j\theta_d(\omega)}} \tag{1.20}$$

であるとき，振幅特性 $A(\omega)$ および位相特性 $\theta(\omega)$ を $A_n(\omega)$，$A_d(\omega)$，$\theta_n(\omega)$，$\theta_d(\omega)$ を用いて表せ．

1.2 回 路 素 子

回路を構成する最小要素のことを**回路素子**，あるいは単に**素子**と呼ぶ．また，回路素子は端子数に応じて，**2端子素子**，**3端子素子**などと呼ばれている．本節では，特に2端子素子の特性について説明する．

1.2.1 2端子素子

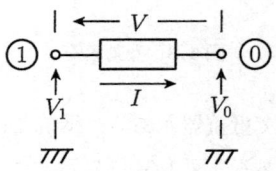

図 1.2 回路素子と電圧，電流

図 1.2に示すとおり，2端子素子の電圧 V(単位 V，ボルト) は端子 0 の電位 V_0 と端子 1 の電位 V_1 の差として定義される．V_0 または V_1 のどちらを基準に選ぶかによって電圧の正と負が入れ替わるので，一般に矢印を用いて電圧の正方向を表す．図 1.2において電圧 V を挟んでいる矢印は，電圧 V の正方向が端子

0 の電位を基準として，端子 1 の電位と端子 0 の電位の差を計っていることを表している．すなわち，V は

$$V = V_1 - V_0 \tag{1.21}$$

である．

同様に，電流 I (単位 A, アンペア) の正方向を I の上に描かれている矢印を用いて表している．図 1.2 では，端子 1 から端子 0 へ流れる向きを電流 I の正方向としている．

素子の特徴を表す重要な物理量として，電圧や電流以外に電力がある．2 端子素子に加わる電圧 V と流れる電流 I を用いると，2 端子素子で消費される電力 P (単位 W, ワット) は

$$P = VI \tag{1.22}$$

と定義される．

(1) 抵 抗 器

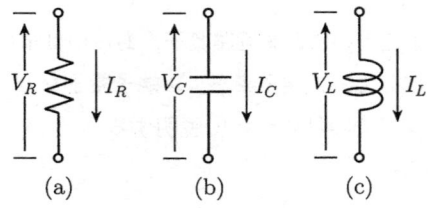

図 1.3 受動素子

代表的な 2 端子素子として**抵抗器**がある．抵抗器は単に抵抗とも呼ばれ，電圧と電流が比例する素子である．図 1.3(a) に示すように，抵抗の両端に加わる電圧 V_R は，抵抗を流れる電流を I_R とすると

$$V_R = R I_R \tag{1.23}$$

と表される．比例定数 R (単位 Ω, オーム) は**抵抗値**と呼ばれ，式 (1.23) は**オームの法則**として良く知られている．抵抗値はしばしば単に抵抗と呼ばれる．抵抗器と抵抗値を共に抵抗と呼ぶが，本来区別して用いるべきである．しかし，混乱の恐れの無い限り，慣習に従い，本書でも両方の意味で用いる．

式 (1.23) のオームの法則は電圧 V_R を表す式である．一方，式 (1.23) から電流 I_R を表す式を求めることもできる．すなわち，I_R は

$$I_R = GV_R \tag{1.24}$$

となる．ただし，比例定数 G（単位 S，ジーメンス）は抵抗の逆数 $1/R$ であり，**コンダクタンス**と呼ばれている．回路によっては，コンダクタンスを用いて解析を行うと，解析が容易になる場合がある．

(2) 容　　　量

容量はキャパシタとも呼ばれ†，容量に加わる電圧の時間微分と容量を流れる電流が比例する素子である．すなわち，図 1.3(b) に示すように，容量の両端に加わる電圧を V_C，容量を流れる電流を I_C とすると

$$I_C = C\frac{dV_C}{dt} \tag{1.25}$$

となる．比例定数 C（単位 F，ファラッド）は**容量値**または**キャパシタンス**と呼ばれている．また，抵抗と同様に，容量と容量値を区別せず，容量値を単に容量と呼ぶことがある．

(3) インダクタ

抵抗や容量以外の 2 端子素子としてインダクタがある．インダクタは，インダクタを流れる電流の時間微分とインダクタに加わる電圧が比例する 2 端子素子である††．すなわち，図 1.3(c) に示すように，インダクタの両端に加わる電圧を V_L，インダクタを流れる電流を I_L とすると

$$V_L = L\frac{dI_L}{dt} \tag{1.26}$$

となる．比例定数 L はインダクタンス（単位 H，ヘンリー）と呼ばれている．

1.2.2 電　　　源

接続される素子や回路によらず，あらかじめ素子の端子間に発生する電圧または素子を流れる電流が定まっている回路素子を**電源**と呼ぶ．電源は，あらかじめ電圧が定まっている**電圧源**と，あらかじめ電流が定まっている**電流源**とに分けられる．さらに，電圧源は直流電圧を発生する**直流電圧源**と，交流電圧を

---

† コンデンサと呼ばれることもある．コンデンサの英訳 "condenser" は，現在は使われていない．

†† コイルと呼ぶこともある．また，線輪という場合もあるが，現在は使われていない．

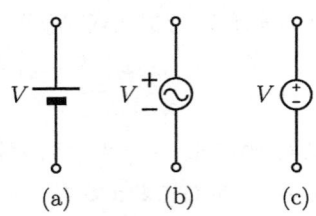

図 1.4　電圧源の記号

発生する**交流電圧源**とに分けられる．直流電圧源および交流電圧源の記号を図 1.4に示す．図 1.4(a) は直流電圧源の記号であり，図 1.4(b) は正弦波交流電圧源の記号である．また，任意の電圧を発生する電圧源を表す記号として本書では図 1.4(c) を用いる．

　電圧源の性質として，電圧源の電流は任意の値を取ることができ，その値は電圧源に接続される素子や回路によって定まる．したがって，電圧が零の電圧源は，その両端に電圧を発生せず，任意の電流が流れるので，短絡と等価である．

図 1.5　電流源の記号

　電圧源と同様に，電流源を，直流電流を発生する**直流電流源**と交流電流を発生する**交流電流源**とに分けることができ，記号を図 1.5に示す．電流源の場合，直流と交流で同じ記号が用いられており，区別するには注意が必要である．

　電流源の性質として，電流源の電圧は任意の値を取ることができ，その値は電流源に接続される素子や回路によって定まる．したがって，電流が零の電流源には電流が流れず，その両端に任意の電圧が発生するので，開放と等価である．

1.3 回路の法則，定理

本節では，回路を解析する上で不可欠な法則および複雑な回路の解析をより簡単に行うための定理について述べる．

1.3.1 キルヒホッフの法則

複数の回路素子の端子が接続されている部分を節点と呼ぶ．任意の節点に流れ込む電流に関して次の法則が成り立つ．

定理 1.1

キルヒホッフの電流則

一つの節点に流れ込む電流の総和は常に零である．

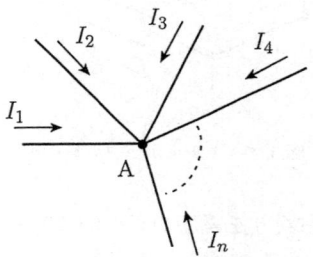

図 1.6 キルヒホッフの電流則

例えば，節点に流れ込む電流を正，流れ出す電流を負とする．すなわち，図1.6に示す場合，矢印の向きと電流が流れている向きが同じ場合を正，異なっている場合を負とする．このとき，節点 A に流れ込む電流 $I_1, I_2, \cdots, I_n$ の和は

$$I_1 + I_2 + \cdots + I_n = 0 \tag{1.27}$$

となる．

一つの節点から出発して少なくとも他の一つの節点を経由し，再び出発した

節点に戻る経路を**閉路**と呼ぶ．任意の閉路上に存在する回路素子の端子間に発生する電圧に関して次の法則が成り立つ．

定理 1.2

キルヒホッフの電圧則

閉路上の各回路素子の端子間に発生する電圧の総和は常に零である．

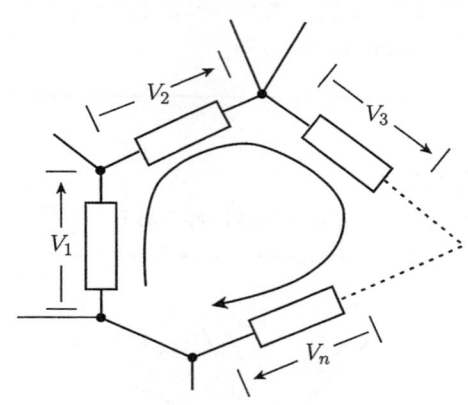

図 1.7　キルヒホッフの電圧則

例えば，閉路に関して右回りを電圧の正の向き，左回りを電圧の負の向きとする．すなわち，図1.7に示す場合，閉路の向きを表す矢印と電圧の正方向を表す矢印の向きが同じ場合を正，異なっている場合を負とする．このとき，閉路上に存在する回路素子の端子間に発生する電圧 $V_1, V_2, \cdots, V_n$ の和は

$$V_1 + V_2 + \cdots + V_n = 0 \tag{1.28}$$

となる．

1.3.2　線形性と重ね合わせの理

線形性を持った素子を**線形素子**と呼ぶ．例えば，抵抗は線形素子である．抵抗に流れる電流が I_{R1} のとき，その端子間に発生する電圧が V_{R1}，電流が I_{R2} のとき，電圧が V_{R2} であるとする．この場合，任意の定数 a_1 と a_2 を用いて表

される電流 $a_1 I_{R1} + a_2 I_{R2}$ が抵抗に流れているとき，抵抗の端子間に発生する電圧は，式 (1.23) から

$$R(a_1 I_{R1} + a_2 I_{R2}) = a_1 R I_{R1} + a_2 R I_{R2} = a_1 V_{R1} + a_2 V_{R2} \quad (1.29)$$

となる．したがって，抵抗は線形素子である．同様の計算から，抵抗だけでなく，容量やインダクタも線形素子であることがわかる．

[問 1.2] 容量やインダクタが線形素子であることを確かめよ．

線形回路とは線形素子と電源から構成されている回路と考えることもできる．線形回路では，次の重ね合わせの理が成り立つ．

定理 1.3

重ね合わせの理

線形回路と複数の電源から構成される回路において，任意の素子に流れる電流およびその端子間に発生する電圧は，それぞれの電源が単独に存在する場合の電流および電圧の総和に等しい．ただし，考慮していない電圧源は短絡とし，電流源は開放とする．

[問 1.3] 図 1.8(a) に示すように，1Ωの抵抗と 1A の直流電流源，1V の直流電圧源を接続したとき，抵抗 R の端子間に発生する電圧 V_R はいくらか．また，これらの素子を，図 1.8(b) に示すように接続したとき，直流電流源の端子間に発生する電圧 V_I はいくらか．

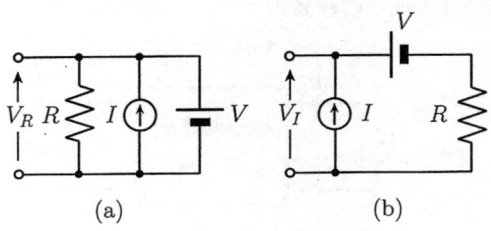

図 **1.8** 抵抗と直流電流源，直流電圧源からなる回路

1.3.3 抵抗, インダクタ, 容量の時不変性

抵抗は線形素子であるだけではでなく, 時不変性を持つ素子でもある. 抵抗の電圧 V_R と電流 I_R が時刻 t の関数であることを明示的に表すために, $V_R(t)$, $I_R(t)$ とする. $V_R(t)$ と $I_R(t)$ の間には, 任意の t について

$$V_R(t) = RI_R(t) \tag{1.30}$$

が成り立つ. $I_R(t)$ を時間 t_0 だけ遅らせた電流は $I_R(t-t_0)$ と表されるので, このとき抵抗に現れる電圧は

$$RI_R(t-t_0) = V_R(t-t_0) \tag{1.31}$$

となる. したがって, 抵抗は時不変性を持つ素子であることがわかる.

抵抗と同様に, インダクタも時不変性を持っている. インダクタの電圧と電流を $V_L(t)$, $I_L(t)$ とすれば, $V_L(t)$ と $I_L(t)$ の間には

$$V_L(t) = L\frac{dI_L(t)}{dt} \tag{1.32}$$

が成り立つ. $I_L(t)$ を時間 t_0 だけ遅らせた電流は $I_L(t-t_0)$ であるから, この電流を加えたときにインダクタの端子間に現れる電圧は

$$L\frac{dI_L(t-t_0)}{dt} = L\frac{dI_L(x)}{dx} \cdot \frac{dx}{dt} = V_L(x)\frac{dx}{dt} \tag{1.33}$$

となる. ただし, $x = t - t_0$ である. この式において, $dx/dt = 1$ であるから

$$L\frac{dI_L(t-t_0)}{dt} = V_L(x) = V_L(t-t_0) \tag{1.34}$$

となり, インダクタも時不変性を持つ素子であることがわかる.

同様の計算から, 容量も時不変性を持つ素子であることがわかる.

[問 1.4] 容量が時不変性を持つ素子であることを確かめよ.

1.3.4 正弦波交流信号の複素表示

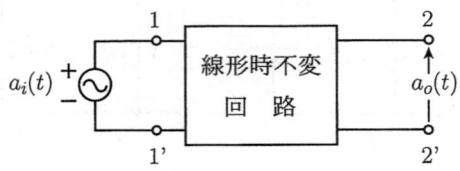

図 1.9 線形回路の正弦波交流励振

1.1.2項での議論から，線形時不変回路に正弦波信号が加えられた場合，定常状態において内部の電圧や電流の周波数は加えられた正弦波信号の周波数と一致することがわかる．すなわち，図1.9に示すように，線形時不変回路に振幅 A_i，角周波数ωの正弦波信号 $a_i(t) = A_i \cos\omega t$ を入力した場合，出力信号 $a_o(t)$ は

$$a_o(t) = A_o \cos(\omega t + \theta) \tag{1.35}$$

と表される．ただし，A_oは出力信号の振幅であり，θは入力信号と出力信号の位相差である．

次に，図1.9の回路は時不変であるので，入力 $a_i(t)$ の応答が $a_o(t)$ であるならば，任意の時間 t_0 だけ遅らせて加えた入力 $a_i(t-t_0)$ の応答は $a_o(t-t_0)$ となる．この性質から，入力として

$$b_i(t) = a_i(t - \pi/2) = A_i \cos(\omega t - \pi/2) = A_i \sin\omega t \tag{1.36}$$

を加えた場合の出力信号 $b_o(t)$ は

$$b_o(t) = a_o\left(t - \frac{\pi}{2}\right) = A_o \cos\left(\omega t - \frac{\pi}{2} + \theta\right) = A_o \sin(\omega t + \theta) \tag{1.37}$$

となる．

ここで，複素正弦波信号 $c_i(t) = a_i(t) + jb_i(t)$ を図1.9の線形時不変回路に加えた場合について考えてみよう．複素正弦波信号 $c_i(t)$ は，オイラーの公式から

$$c_i(t) = A_i(\cos\omega t + j\sin\omega t) = A_i e^{j\omega t} \tag{1.38}$$

となる．入力 $b_i(t)$ に対する出力は $b_o(t)$ であるので，線形性から入力 $jb_i(t)$ に対する出力は $jb_o(t)$ になる．したがって，同じく線形性から，入力 $c_i(t) = a_i(t) + jb_i(t)$ に対する出力が $a_o(t) + jb_o(t)$，すなわち

$$a_o(t) + jb_o(t) = A_o e^{j(\omega t + \theta)} \tag{1.39}$$

であることがわかる．このことから，正弦波信号 $a_i(t)$ を入力した場合の出力 $a_o(t)$ を直接求めなくても，まず複素正弦波信号 $c_i(t)$ を入力した場合の出力を求め，さらにその実部を求めてもよいことがわかる．しかも，角周波数ωは入力信号の角周波数と常に等しいので，特に明示しなくても問題は無い．そこ

で，正弦波信号 $a_o(t)$ を
$$\hat{c}_o = A_{eff}e^{j\theta} \tag{1.40}$$
と表す．この表現方法を正弦波交流信号の**複素表示**と呼ぶ．ただし，A_{eff}は振幅の実効値であり，$A_{eff} = A_o/\sqrt{2}$である．

次に，2端子素子の電圧と電流に複素表示を用いた場合について考える．抵抗を流れる電流 I_R を，実効値 I_{Reff} と角周波数 ω，位相 θ を用いて
$$I_R = \sqrt{2}I_{Reff}e^{j(\omega t+\theta)} \tag{1.41}$$
と表す．一方，式 (1.23) から電圧 V_R は
$$V_R = RI_R = R\sqrt{2}I_{Reff}e^{j(\omega t+\theta)} \tag{1.42}$$
となる．式 (1.41) の代わりに，電流 I_R を複素表示を用いて表すと
$$\hat{I}_R = I_{Reff}e^{j\theta} \tag{1.43}$$
となり，電圧 V_R の複素表示 $\hat{V}_R$ は，式 (1.42) から
$$\hat{V}_R = RI_{Reff}e^{j\theta} \tag{1.44}$$
となる．したがって，式 (1.43) と式 (1.44) との比較から，抵抗の電圧と電流の複素表示である $\hat{V}_R$ と $\hat{I}_R$ の関係は
$$\hat{V}_R = R\hat{I}_R \tag{1.45}$$
となり，オームの法則と一致する．

抵抗の場合と同様に，容量の電圧 V_C を
$$V_C = \sqrt{2}V_{Ceff}e^{j(\omega t+\theta)} \tag{1.46}$$
である複素正弦波信号とする．ただし，V_{Ceff} は V_C の実効値である．この式から，電流 I_C は
$$I_C = C\frac{dV_C}{dt} = j\omega C\sqrt{2}V_{Ceff}e^{j(\omega t+\theta)} \tag{1.47}$$
となる．また，電圧 V_C を複素表示を用いて表すと
$$\hat{V}_C = V_{Ceff}e^{j\theta} \tag{1.48}$$
となり，一方，電流 I_C の複素表示 $\hat{I}_C$ は，式 (1.47) から
$$\hat{I}_C = j\omega CV_{Ceff}e^{j\theta} \tag{1.49}$$
であるので，$\hat{I}_C$ と $\hat{V}_C$ の関係は
$$\hat{I}_C = j\omega C\hat{V}_C \tag{1.50}$$

となる．式 (1.25) と式 (1.50) を比較すれば，複素表示では微分演算が $j\omega$ の乗算に置き換えられることがわかる．

抵抗や容量と同様に，インダクタの電流 I_L が

$$I_L = \sqrt{2}I_{Leff}e^{j(\omega t+\theta)} \tag{1.51}$$

である複素正弦波信号とする．ただし，I_{Leff} は I_L の実効値である．この式から，電圧 V_L は

$$V_L = L\frac{dI_L}{dt} = j\omega L\sqrt{2}I_{Leff}e^{j(\omega t+\theta)} \tag{1.52}$$

となり，電流 I_L を複素表示を用いて表すと

$$\hat{I}_L = I_{Leff}e^{j\theta} \tag{1.53}$$

となる．一方，電圧 V_L の複素表示 $\hat{V}_L$ は，式 (1.52) から

$$\hat{V}_L = j\omega L I_{Leff}e^{j\theta} \tag{1.54}$$

であるので，$\hat{V}_L$ と $\hat{I}_L$ の関係は

$$\hat{V}_L = j\omega L \hat{I}_L \tag{1.55}$$

となり，容量と同様に，微分演算が $j\omega$ の乗算に置き換えられている．

式 (1.45) と式 (1.50)，式 (1.55) は，統一的に

$$\hat{V} = Z\hat{I} \tag{1.56}$$

あるいは，

$$\hat{I} = Y\hat{V} \tag{1.57}$$

と表すことができる．これらの式は，オームの法則を表す式 (1.23) あるいは式 (1.24) の拡張となっている．式 (1.56) の比例定数 Z は式 (1.23) の抵抗値 R に対応し，インピーダンスと呼ばれ，式 (1.57) の Y は式 (1.24) のコンダクタンス G に対応し，アドミタンスと呼ばれている[†]．すなわち，抵抗やインダクタ，容量のインピーダンスはそれぞれ R, $j\omega L$, $1/j\omega C$ であり，アドミタンスは $1/R$, $1/j\omega L$, $j\omega C$ である．同様に，複数の抵抗やインダクタ，容量からなる 2 端子回路についても，その端子間電圧の複素表示を $\hat{V}$，端子に流れ込む電流の複素表示を $\hat{I}$ とすれば，インピーダンスやアドミタンスを求めることができる．

複素表示を用いれば，インダクタや容量の電圧と電流の関係を表すために微

[†] インピーダンスとアドミタンスを総称してイミタンスと呼ぶ．

分演算を用いる必要がなく,回路解析を複素数の四則演算だけで行うことができる.したがって,複素表示を利用すると線形回路の解析が容易となる[†].

[問 1.5] 振幅 1A,周波数 1Hz の正弦波交流電流を 1H のインダクタに加えた場合に,インダクタに発生する電圧を複素表示用いて表せ.ただし,正弦波交流電流の位相は零とする.

1.3.5 テブナンの定理

図 1.10(a) に示す,線形回路と複数の電源から構成される回路に接続された素子を流れる電流に関して,下記のテブナンの定理が成り立つ.

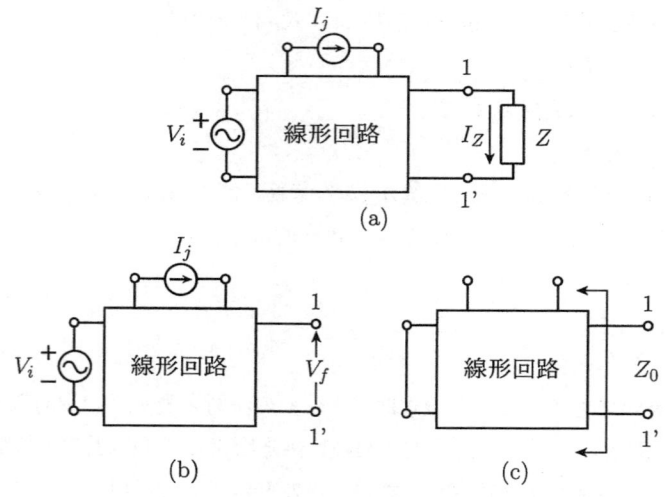

図 1.10 テブナンの定理

定理 1.4

[†] 本書では,混乱の無い限り,複素表示を行った場合とそうで無い場合を特に区別しない.区別する必要があるときは,電圧や電流が複素表示である場合は $V(j\omega)$ や $I(j\omega)$ というように,$j\omega$ の関数として表し,また,電圧や電流が瞬時値である場合は $V(t)$ や $I(t)$ というように,時刻 t の関数として表す.

テブナンの定理

図 1.10 に示す線形回路の端子対 1-1' に，インピーダンスが Z である素子を接続すると，この素子に流れる電流 I_Z は

$$I_Z = \frac{V_f}{Z + Z_0} \tag{1.58}$$

となる．ただし，V_f は，図 1.10(b) に示すように，端子対 1-1' を開放したときに現れる電圧であり，Z_0 は，図 1.10(c) に示すように，すべての電圧源を短絡除去，すべての電流源を開放除去した場合の端子対 1-1' から見込んだインピーダンスである．

<u>証明</u>　図 1.10(a) の回路に 2 個の電圧源を挿入した回路を図 1.11(a) に示す．この 2 個の電圧源は，大きさが V_f で互いに電圧の向きが逆であるから，電流 I_Z は明らかに図 1.10(a) の I_Z と等しい．重ね合わせの理を用いると，図 1.11(a) の I_Z は，最も右側の電圧源 V_f の値だけが零となっている図 1.11(b) の I_Z' と，最も右側の電圧源 V_f 以外の電源の値が零となっている図 1.11(c) の I_Z'' の和であることがわかる．

図 1.11(b) の I_Z' の値を知るために，端子 1' と端子 2' を切り離す．このとき，端子対 1-1' の左側の回路は端子対 1-1' に電流の流入や流出が無いので，端子対 1-1' が開放されている状態と同じであり，端子対 1-1' には電圧 V_f が現れる．電圧源 V_f による電圧降下と，端子 1' と端子 2' が切り離されているため素子 Z には電流が流れず，Z には電圧降下が生じないことから，端子 1' の電位と端子 2' の電位は等しいことがわかる．端子 1' の電位と端子 2' の電位は等しいので，たとえ端子 1' と端子 2' を再び接続しても，やはり電流は流れない．したがって，$I_Z' = 0$ であることがわかる．

図 1.11(c) において，端子対 1-1' の左側の回路の電圧源は短絡，電流源は開放となっているので，端子 1-1' から左側を見込んだときのインピーダンスは Z_0 であることがわかる．しがって，I_Z'' は

$$I_Z'' = \frac{V_f}{Z + Z_0} \tag{1.59}$$

となる．

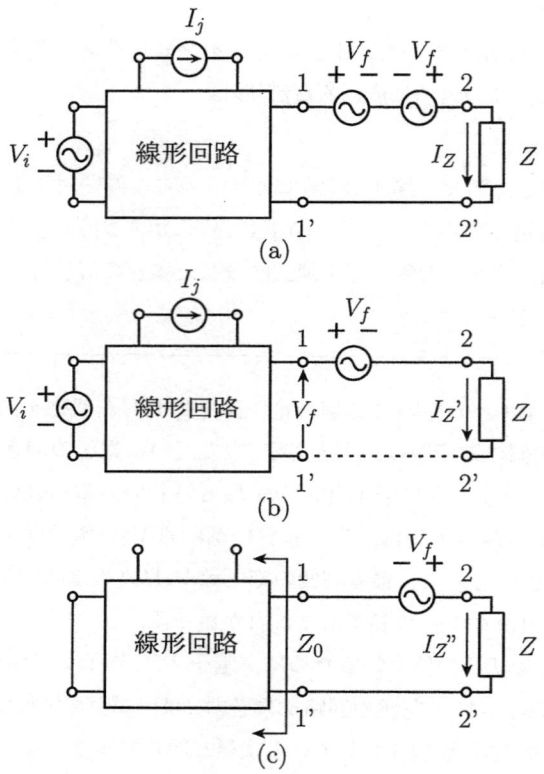

図 **1.11** テブナンの定理の証明

以上から，図 1.10(a) の I_Z は

$$I_Z = I_Z' + I_Z'' = \frac{V_f}{Z + Z_0} \tag{1.60}$$

となり，線形回路においてテブナンの定理が成り立つことがわかる． ◇

【**例題 1.1**】 テブナンの定理の簡単な応用例を示す．

図 1.12(a) は，電流源 I と抵抗 R_0 からなる回路である．まず，この回路の開放電圧 V_f を求めてみる．端子対 1-1' が開放されているので，電流 I

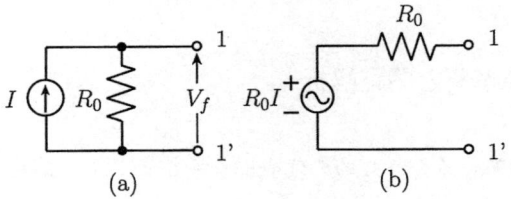

図 1.12　テブナンの定理に関する例題

は抵抗 R_0 に流れ込む．したがって，開放電圧 V_f は

$$V_f = R_0 I \tag{1.61}$$

となる．つぎに，電流源 I を零としたとき，端子対 1-1' から左側を見込んだときのインピーダンスを求める．電流源の値を零とすると，電流源は開放となるので，図 1.12(a) の回路は抵抗 R_0 だけが残る．したがって，端子対 1-1' から左側を見込んだときのインピーダンスは R_0 である．

以上から，図 1.12(a) の回路の端子対 1-1' に接続される任意の 2 端子素子や 2 端子回路に対して，図 1.12(a) の回路と全く等価な働きをする回路として，図 1.12(b) の回路が得られる[†]．図 1.12(a) と (b) の回路が端子対 1-1' に接続される回路や素子に対して全く等価な働きをすることを**電源の等価性**と呼ぶ．

[問 1.6]　図 1.10 の回路の端子対 1-1' に接続されている素子 Z として 1Ω の抵抗を接続したところ，この抵抗に 1A の直流電流が流れた．また，2Ω の抵抗に代えたとき，直流電流は 0.75A となった．図 1.10 の回路の開放電圧 V_f と，端子対 1-1' から見込んだときの抵抗値 Z_0 を求めよ．

[†]　抵抗 R_0 のように，電圧源に直列あるいは電流源に並列に接続されている抵抗を電源の内部抵抗と呼ぶ．

1.4 節点解析と閉路解析

回路解析を効率良く行うための代表的な手法として，**節点解析**と**閉路解析**が知られている．ここでは，それぞれの解析手法について説明し，特徴を比較する．

1.4.1 節点解析

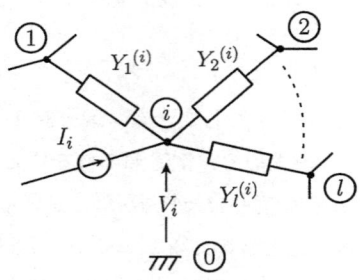

図 1.13 節点解析の例

図 1.13 に示す例を基に，節点解析について説明する．i 番目の節点電位を V_i，i 番目の節点に接続されている電流源の値を I_i，i 番目の節点に接続されている電流源以外の l 個の素子の中で j 番目の素子のアドミタンスを $Y_j^{(i)}$ とすると，キルヒホッフの電流則から

$$Y_1^{(i)}(V_i - V_1) + Y_2^{(i)}(V_i - V_2) + \cdots Y_l^{(i)}(V_i - V_l) - I_i = 0 \tag{1.62}$$

が成り立つ．各節点について式 (1.62) と同様の式が得られ，接地点を含む節点の総数を $n+1$ 個とすると

$$\begin{bmatrix} Y_{11} & -Y_{12} & \cdots & -Y_{1n} \\ -Y_{21} & Y_{22} & \cdots & -Y_{2n} \\ \vdots & \vdots & & \vdots \\ -Y_{n1} & -Y_{n2} & \cdots & Y_{nn} \end{bmatrix} \begin{bmatrix} V_1 \\ V_2 \\ \vdots \\ V_n \end{bmatrix} = \begin{bmatrix} I_1 \\ I_2 \\ \vdots \\ I_n \end{bmatrix} \tag{1.63}$$

という行列表現が得られる. ただし, Y_{ii} と $Y_{ij}(i=1\sim n, j=1\sim n)$ は

$$Y_{ii} = Y_1^{(i)} + Y_2^{(i)} + \cdots Y_n^{(i)} \tag{1.64}$$

$$Y_{ij} = Y_{ji} = Y_j^{(i)} = Y_i^{(j)} \tag{1.65}$$

である. 式 (1.63) が得られれば, V_i を

$$V_i = \frac{\begin{vmatrix} Y_{11} & -Y_{12} & \cdots & -Y_{1,i-1} & I_1 & -Y_{1,i+1} & \cdots & -Y_{1n} \\ -Y_{21} & Y_{22} & \cdots & -Y_{2,i-1} & I_2 & -Y_{2,i+1} & \cdots & -Y_{2n} \\ \vdots & \vdots & \cdots & \vdots & \vdots & \vdots & \cdots & \vdots \\ -Y_{n1} & -Y_{n2} & \cdots & -Y_{n,i-1} & I_n & -Y_{n,i+1} & \cdots & Y_{nn} \end{vmatrix}}{\begin{vmatrix} Y_{11} & -Y_{12} & \cdots & \cdots & \cdots & \cdots & -Y_{1n} \\ -Y_{21} & Y_{22} & \cdots & \cdots & \cdots & \cdots & -Y_{2n} \\ \vdots & \vdots & \cdots & \vdots & \vdots & \vdots & \vdots \\ -Y_{n1} & -Y_{n2} & \cdots & \cdots & \cdots & \cdots & Y_{nn} \end{vmatrix}} \tag{1.66}$$

と求めることができる. 式 (1.66) は **Cramer** の公式と呼ばれている.

1.4.2 閉路解析

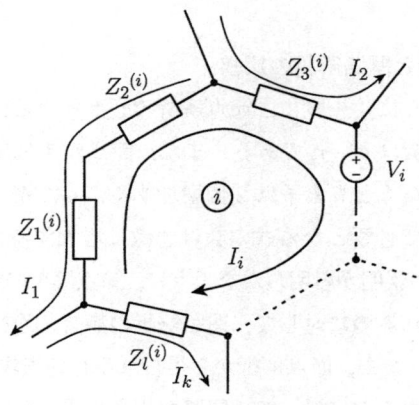

図 **1.14** 閉路解析の例

節点解析と異なり, 節点ではなく, 閉路に着目して, 方程式を立てて解析す

る手法が閉路解析である．図1.14に示す例を基に，閉路解析について説明する．i 番目の閉路に流れる電流を I_i，i 番目の閉路内に存在する電圧源の値を V_i，i 番目の閉路内に存在する電圧源以外の l 個の素子の中で j 番目の素子のインピーダンスを $Z_j^{(i)}$ とすると，キルヒホッフの電圧則から

$$Z_1^{(i)}(I_i - I_1) + Z_2^{(i)}(I_i - I_1) + Z_3^{(i)}(I_i + I_2) + V_i \cdots + Z_l^{(i)}(I_i - I_k) = 0 \tag{1.67}$$

が成り立つ．回路中の様々な閉路の中から，式 (1.67) に相当する線形独立な式を見つけ，節点解析と同様に，行列を用いて

$$\begin{bmatrix} Z_{11} & Z_{12} & \cdots & Z_{1m} \\ Z_{21} & Z_{22} & \cdots & Z_{2m} \\ \vdots & \vdots & & \vdots \\ Z_{m1} & Z_{m2} & \cdots & Z_{mm} \end{bmatrix} \begin{bmatrix} I_1 \\ I_2 \\ \vdots \\ I_m \end{bmatrix} = \begin{bmatrix} V_1 \\ V_2 \\ \vdots \\ V_m \end{bmatrix} \tag{1.68}$$

と表す．ただし，$Z_{ij}(i=1 \sim m, j=1 \sim m)$ は各素子のインピーダンスの和や差によって表されるインピーダンスである．また，m は，接地点を含む節点の総数を $n+1$，素子数を b とする[†]と，$b-n$ であることが知られている．

式 (1.68) から，節点方程式の場合と同様に，Cramer の公式を用いて I_i を求めることができる．

1.4.3 節点解析と閉路解析の比較

前項で説明したように，一般に，節点解析で必要となる式の数は n，閉路解析で必要となる式の数は $b-n$ である．また，節点が 1 個増加すると，回路を構成するためには少なくとも素子は 2 個増加する．したがって，節点数が増加すると，閉路方程式で必要となる式の数は急激に増大する．

さらに，前項までの説明から明らかなように，節点解析の場合，線形独立な式が機械的に見つけられるのに対して，閉路解析の場合，適当な方法で見つけださなければならない．また，節点解析から得られる行列表現において $Y_{ij} = Y_{ji}$ という対称性が存在するのに対して，閉路解析から得られる行列表現においては，このような対称性は存在しない．

[†] 同一の 2 節点間に接続されている複数の素子は 1 個と数える．

以上から明らかなように，一般には閉路解析よりも節点解析のほうが解析の手間が掛からず，機械的であり，誤りも発見しやすい．

【例題 1.2】 図 1.15(a) の回路について，まず，節点解析を行い，V_{out} を求めてみる．電圧や電流にはすべて複素表示を用いる．

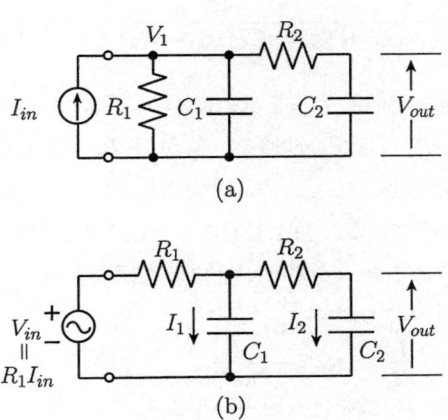

図 1.15 節点解析と閉路解析

図 1.15(a) の回路の各節点について，キルヒホッフの電流則を適用すると

$$I_{in} = (\frac{1}{R_1} + j\omega C_1)V_1 + \frac{1}{R_2}(V_1 - V_{out}) \tag{1.69}$$

$$0 = \frac{1}{R_2}(V_{out} - V_1) + j\omega C_2 V_{out} \tag{1.70}$$

を得る．これらの式を行列を用いて表すと

$$\begin{bmatrix} I_{in} \\ 0 \end{bmatrix} = \begin{bmatrix} \frac{1}{R_1} + \frac{1}{R_2} + j\omega C_1 & -\frac{1}{R_2} \\ -\frac{1}{R_2} & j\omega C_2 + \frac{1}{R_2} \end{bmatrix} \begin{bmatrix} V_1 \\ V_{out} \end{bmatrix} \tag{1.71}$$

となる．Cramerの公式を用いると，V_{out}が

$$V_{out} = \frac{\begin{vmatrix} \dfrac{1}{R_1} + \dfrac{1}{R_2} + j\omega C_1 & I_{in} \\ -\dfrac{1}{R_2} & 0 \end{vmatrix}}{\begin{vmatrix} \dfrac{1}{R_1} + \dfrac{1}{R_2} + j\omega C_1 & -\dfrac{1}{R_2} \\ -\dfrac{1}{R_2} & j\omega C_2 + \dfrac{1}{R_2} \end{vmatrix}}$$

$$= \frac{R_1 I_{in}}{1 + j\omega C_1 R_1 + j\omega C_2 (R_1 + R_2) - \omega^2 C_1 C_2 R_1 R_2} \quad (1.72)$$

と得られる．

次に，閉路解析を用いて V_{out} を求めてみる．テブナンの定理を用いると，電流源 I_{in} と抵抗 R_1 からなる回路を，値が $R_1 I_{in}$ である電圧源 V_{in} と抵抗 R_1 の直列回路に置き換えても，V_{out} は変化しない．この変換を行うと，図 1.15(b) の回路が得られる．図 1.15(b) の回路の各容量に流れる電流 I_1 と I_2 を図のように定めると，キルヒホッフの電圧則から

$$V_{in} = R_1(I_1 + I_2) + \frac{I_1}{j\omega C_1} \quad (1.73)$$

$$0 = \frac{-I_1}{j\omega C_1} + R_2 I_2 + \frac{I_2}{j\omega C_2} \quad (1.74)$$

が得られる．これらの式を行列を用いて表すと

$$\begin{bmatrix} V_{in} \\ 0 \end{bmatrix} = \begin{bmatrix} R_1 + \dfrac{1}{j\omega C_1} & R_1 \\ \dfrac{-1}{j\omega C_1} & R_2 + \dfrac{1}{j\omega C_2} \end{bmatrix} \begin{bmatrix} I_1 \\ I_2 \end{bmatrix} \quad (1.75)$$

となる．V_{out} が

$$V_{out} = \frac{1}{j\omega C_2} I_2 \quad (1.76)$$

であることから，Cramerの公式を使って I_2 を求めると

$$I_2 = \frac{\begin{vmatrix} R_1 + \dfrac{1}{j\omega C_1} & V_{in} \\ \dfrac{-1}{j\omega C_1} & 0 \end{vmatrix}}{\begin{vmatrix} R_1 + \dfrac{1}{j\omega C_1} & R_1 \\ \dfrac{-1}{j\omega C_1} & R_2 + \dfrac{1}{j\omega C_2} \end{vmatrix}}$$

$$= \frac{j\omega C_2 V_{in}}{1 + j\omega C_1 R_1 + j\omega C_2 (R_1 + R_2) - \omega^2 C_1 C_2 R_1 R_2} \quad (1.77)$$

1.4 節点解析と閉路解析

となる.したがって,式 (1.76) から,V_{out} は

$$
\begin{aligned}
V_{out} &= \frac{V_{in}}{1 + j\omega C_1 R_1 + j\omega C_2(R_1 + R_2) - \omega^2 C_1 C_2 R_1 R_2} \\
&= \frac{R_1 I_{in}}{1 + j\omega C_1 R_1 + j\omega C_2(R_1 + R_2) - \omega^2 C_1 C_2 R_1 R_2}
\end{aligned} \quad (1.78)
$$

となり,節点解析の結果と一致する.

演 習 問 題

(1) 以下の (a)〜(c) の回路が線形時不変回路であるかどうか答えよ.

  (a) 入力 $f(t)$ を加えたときの出力 $g(t)$ が $g(t) = \dfrac{d^2 f(t)}{dt^2}$ である回路
  (b) 入力 $f(t)$ を加えたときの出力 $g(t)$ が $g(t) = e^{f(t)}$ である回路
  (c) 入力 $f(t)$ を加えたときの出力 $g(t)$ が $g(t) = tf(t)$ である回路

(2) 信号 $f(t)$ のフーリエ変換を $F(j\omega)$ とする.以下の問に答えよ.

  (a) $f(t)$ から時間 t_0 遅れた信号 $f(t - t_0)$ のフーリエ変換を求めよ.
  (b) ある線形時不変回路に $|\omega| > \omega_C$ を満たす任意の角周波数の複素正弦波を加えたところ,出力は零であった.また,$|\omega| < \omega_C$ を満たす任意の角周波数の複素正弦波を加えたところ,出力には振幅が A 倍された複素正弦波が時間 t_0 遅れて現れた.このとき,この線形時不変回路のインパルス応答 $k(t)$ のフーリエ変換 $K(j\omega)$ を $|\omega| > \omega_C$ と $|\omega| < \omega_C$ の場合に分けて表せ.
  (c) $F(j\omega)$ の逆フーリエ変換は
  $$ f(t) = \frac{1}{2\pi} \int_{-\infty}^{\infty} F(j\omega) e^{j\omega t} d\omega $$
  であることが知られている.(b) の線形時不変回路のインパルス応答 $k(t)$ を求めよ.
  (d) (c) で求めたインパルス応答を持つ線形時不変回路は理想フィルタと呼ばれている.(c) の結果から,理想フィルタの実現性について考察せよ.

(3) テブナンの定理と重ね合わせの理を用いて,図 1.16(a) の端子 3-3' 間の電圧 V_A を求めよ.ただし,図 1.16(a), (b), (c), (d) の抵抗回路は全く同じであり,$V_B = 6$V,$V_C = 1$V,$V_D = 2$V であるとする.

(4) 図 1.17 について以下の問に答えよ.

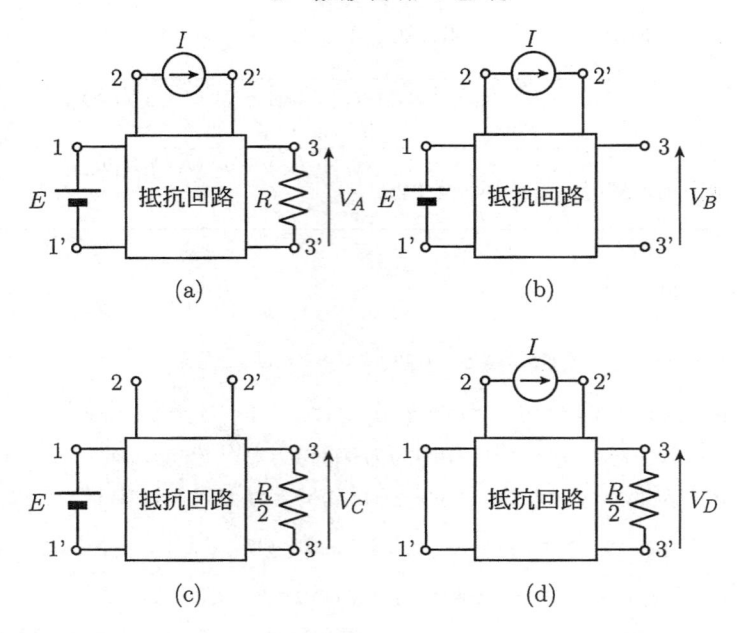

図 1.16 電源を含む抵抗回路

(a) 図 1.17 の端子対 1-1' から見込んだ抵抗 $R_{in} = V_1/I_1$ を求めよ.

(b) 図 1.17 の V_2 は V_1 の何倍となるか求めよ.

(c) 図 1.17 の V_3 は V_1 の何倍となるか求めよ.

(d) 図 1.17 の V_n と V_1 の関係を求めよ.

(5) 図 1.18 について以下の問に答えよ. ただし, 入力電圧 $V_{in}(t)$ を $V_{in}(t) = \sqrt{2} \times 100\cos(2\pi \times 50t)$ V とし, 抵抗値を 50Ω, 容量値を $100\mu F$ とする.

(a) 複素表示を用いて, 容量の両端に現れる交流電圧 V_C の実効値と容量を流れる交流電流 I_C の実効値を求めよ.

(b) 入力電圧 V_{in} と, 容量の両端に現れる交流電圧 V_C および容量を流れる交流電流 I_C との位相の差を求めよ.

(6) 図 1.19 に示す, 内部抵抗がともに ρ である電圧源と電流源それぞれを用いた二つの回路について以下の問に答えよ.

1.4 節点解析と閉路解析

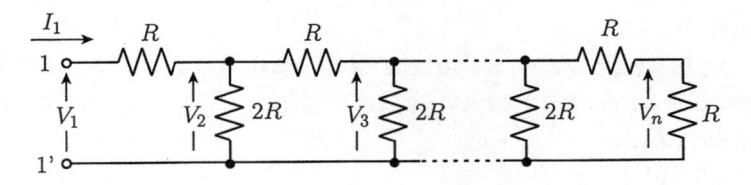

図 1.17 はしご型抵抗回路

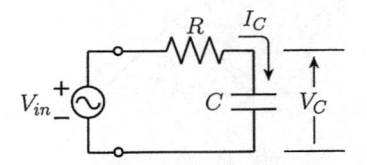

図 1.18 RC 回路

(a) 電圧源 E から抵抗 R_L に供給される電流 I_E および抵抗 R_L に加わる電圧 V_E が，電流源 J から抵抗 R_L に供給される電流 I_J および抵抗 R_L に加わる電圧 V_J とそれぞれ等しくなる条件を示せ．

(b) 抵抗 R_L の値を変えることができるとき，電圧源 E から抵抗 R_L に供給される電力 P_L が最大となる抵抗 R_L の値を求めよ．

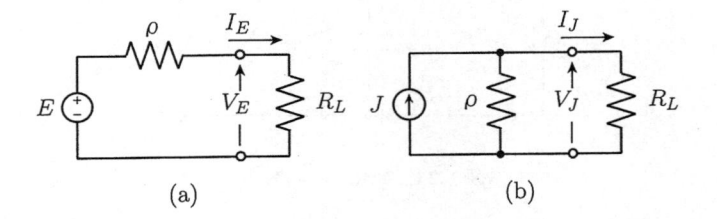

図 1.19 抵抗 R_L に電力を供給する内部抵抗付き電源

(7) 任意の素子の値 x について，任意の節点の電位 V_i は
$$V_i = \frac{ax + b}{cx + d}$$
と表されることを，式 (1.66) を用いて示せ．ただし，a, b, c, d は x を含まない定数

である†.

(8) 図 1.20 は格子型回路と呼ばれる RC 回路であり，V_{in} は正弦波入力である．V_{in} の複素表示と V_{out} の複素表示をそれぞれ $V_{in}(j\omega)$，$V_{out}(j\omega)$ とする．$|V_{out}(j\omega)/V_{in}(j\omega)|$ を求めよ．

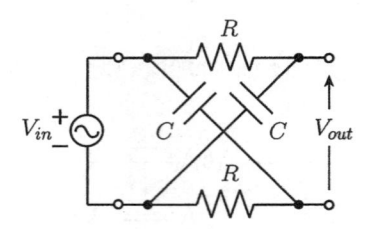

図 1.20 格子型 RC 回路

(9) 図 1.21 は Twin-T 回路と呼ばれる RC 回路であり，V_{in} は正弦波入力である．V_{in} の複素表示と V_{out} の複素表示をそれぞれ $V_{in}(j\omega)$，$V_{out}(j\omega)$ とする．$V_{out}(j\omega)/V_{in}(j\omega)$ を求めよ．また，$|V_{out}(j\omega)/V_{in}(j\omega)|$ の概略を図示せよ．

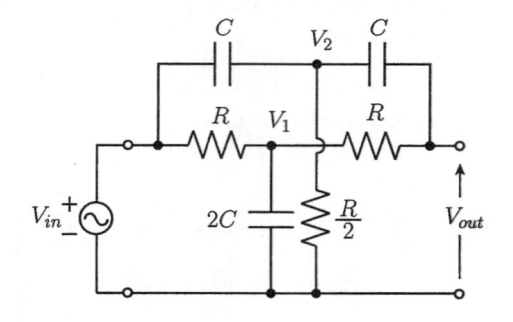

図 1.21 Twin-T 回路

---

† 分母多項式と分子多項式が x の 1 次式で表されている式を x に関する双一次形式と呼ぶ．

2

線形回路の時間応答

本章では，線形回路†の時間応答について述べる．特に，時間応答を求めるための有効な数学的手段であるラプラス変換について説明し，定常応答を求める際に用いられるフーリエ変換との関係を明らかにする．

2.1 微分方程式による解法

線形回路の応答は，抵抗，インダクタ，容量の素子関係式およびキルヒホッフの法則から，微分方程式を立てて求めることができる．ここでは，抵抗回路以外で最も簡単な回路を例にとり，その時間応答について解析を行い，次に，より複雑な回路に関して微分方程式による時間応答の求め方について考察する．

2.1.1 LR 回路の時間応答

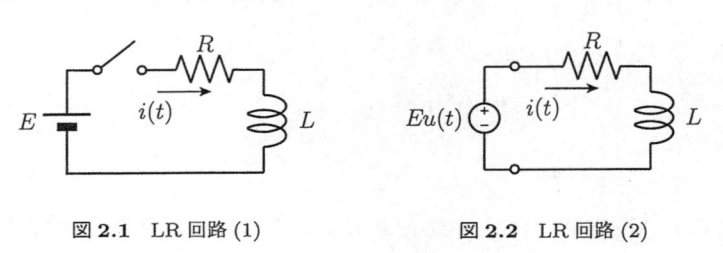

図 **2.1**　LR 回路 (1)　　　　図 **2.2**　LR 回路 (2)

図 2.1にインダクタと抵抗，スイッチ，直流電圧源から構成される，いわゆ

---

† 本書では，混乱の無い限り，線形時不変回路のことを，単に線形回路と呼ぶことにする．

る **LR** 回路を示す．スイッチを時刻 $t=0$ で閉じ，直流電圧 E がインダクタ L と抵抗 R の直列回路に加わる．このことを表すためにステップ関数 $u(t)$ を用いる．$u(t)$ により，図 2.1 を描き変えると，図 2.2 となる．

図 2.2 において，抵抗 R とインダクタ L に流れる電流がともに $i(t)$ であることから

$$Ri(t) + L\frac{di(t)}{dt} = Eu(t) \tag{2.1}$$

という微分方程式が得られる．この式からスイッチを閉じた後の電流 $i(t)$ を求める．スイッチを閉じた後であるので，$t>0$ とし，両辺を R で割ると，式 (2.1) は

$$i(t) + \frac{L}{R}\frac{di(t)}{dt} = \frac{E}{R} \tag{2.2}$$

となる．

式 (2.2) のような微分方程式の解は，一般にその微分方程式の一つの解[†]と右辺を零としたときの微分方程式の一般解の和であることが知られている．例えば

$$i(t) = \frac{E}{R} \tag{2.3}$$

を式 (2.2) に代入すると，等号が成り立つので，$i(t) = E/R$ は解の一つであることがわかる．また，式 (2.2) の右辺を零としたときの微分方程式は

$$i(t) + \frac{L}{R}\frac{di(t)}{dt} = 0 \tag{2.4}$$

である．この微分方程式の一般解は，式 (2.4) を

$$-\int \frac{R}{L}dt = \int \frac{1}{i(t)}di(t) \tag{2.5}$$

と変形し，各辺を積分すれば

$$-\frac{R}{L}t + Const. = \ln|i(t)| \tag{2.6}$$

となるので

$$i(t) = \pm Ae^{-\frac{R}{L}t} \tag{2.7}$$

であることがわかる．ただし，式 (2.6) において $Const.$ は定数，また，式 (2.7) において A は正の定数である．したがって，式 (2.3) と式 (2.7) から，式 (2.1)

[†] 特殊解と呼ばれている．

の解 $i(t)$ が
$$i(t) = \frac{E}{R} \pm Ae^{-\frac{R}{L}t} \tag{2.8}$$
であることがわかる．

式 (2.8)では，定数 A がまだ求められていない．この定数 A は $t = 0$ のときの回路の状態†によって決まる．例えば，図 2.2において，$i(0)$ が
$$i(0) = 0 \tag{2.9}$$
であるとする．この式を式 (2.8)に代入すると，$\pm A$ が
$$\pm A = -\frac{E}{R} \tag{2.10}$$
と求められ，$i(t)$ が
$$i(t) = \frac{E}{R}(1 - e^{-\frac{R}{L}t}) \tag{2.11}$$
となる．

[問 2.1] 図 2.2において，$E = 1\mathrm{V}$，$R = 1\Omega$，$L = 1\mathrm{H}$，$i(0) = 0\mathrm{A}$ のとき，$i(t)$ の概略を図示せよ．また，$t = 1$ 秒のとき，$i(t)$ は E/R の何パーセントになるか求めよ．

2.1.2 LCR 回路の時間応答

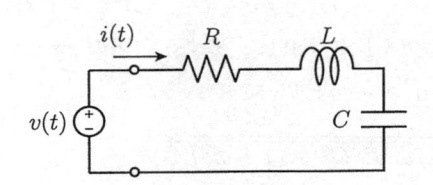

図 2.3 LCR 回路の例 (1)

図 2.2よりも複雑な回路の解析について考えてみる．例えば，図 2.3に示す，**LCR 回路**と呼ばれる抵抗とインダクタ，容量，電圧源からなる回路も，図 2.2の回路と全く同様の手順により解析することができる．ただし，電圧源 $v(t)$ は，ステップ状に変化する $Eu(t)$ などを含む，任意の電圧源を表している．図 2.3

---

† これを初期値と呼ぶ．

において，抵抗とインダクタ，容量の素子関係式とキルヒホッフの法則から
$$v(t) = Ri(t) + L\frac{di(t)}{dt} + \frac{1}{C}\int i(t)dt \tag{2.12}$$
という式が求められ，この両辺を t について微分すると
$$\frac{dv(t)}{dt} = R\frac{di(t)}{dt} + L\frac{d^2i(t)}{dt^2} + \frac{i(t)}{C} \tag{2.13}$$
という微分方程式が得られる．

ここで，図 2.3 の $v(t)$ として，$v(t) = V_m \sin \omega t$ が加えられた場合に，この回路に流れる電流 $i(t)$ を式 (2.13) から求めてみる．ただし，V_m は $v(t)$ の振幅であり，ω は角周波数である．特殊解として，角周波数が等しく，$v(t)$ との位相差が θ である $i(t) = I_m \sin(\omega t + \theta)$ が考えられ†，式 (2.13) に代入すると

$$\begin{aligned}
\omega V_m \cos \omega t &= \omega R I_m \cos(\omega t + \theta) \\
&\quad + (\frac{1}{C} - \omega^2 L)\sin(\omega t + \theta) \\
&= \omega R I_m (\cos \omega t \cos \theta - \sin \omega t \sin \theta) \\
&\quad + (\frac{1}{C} - \omega^2 L)(\sin \omega t \cos \theta + \cos \omega t \sin \theta) \\
&= \{\omega R \cos \theta + (\frac{1}{C} - \omega^2 L)\sin \theta\} I_m \cos \omega t \\
&\quad - \{\omega R \sin \theta - (\frac{1}{C} - \omega^2 L)\cos \theta\} I_m \sin \omega t
\end{aligned} \tag{2.14}$$

となる．この式の両辺を比較すれば，まず，右辺の $\sin \omega t$ の係数が零でなければならず，また，$\sin^2 \theta + \cos^2 \theta = 1$ であるから

$$\sin \theta = \frac{1 - \omega^2 LC}{\sqrt{\omega^2 R^2 C^2 + (1 - \omega^2 LC)^2}} \tag{2.15}$$

$$\cos \theta = \frac{\omega RC}{\sqrt{\omega^2 R^2 C^2 + (1 - \omega^2 LC)^2}} \tag{2.16}$$

---

† 回路の定常状態は，式 (2.13) を満足する解の一つである．線形回路において，入力として正弦波を加えたとき，定常状態において回路の電圧や電流は同じ周波数の正弦波となり，これらは加えられた正弦波と振幅と位相が異なるだけである．したがって，特殊解の一つを $i(t) = I_m \sin(\omega t + \theta)$ とすることができる．

を得る†. これらを式 (2.14) に代入すると，I_m が

$$I_m = \frac{\omega C V_m}{\sqrt{\omega^2 R^2 C^2 + (1 - \omega^2 LC)^2}} \tag{2.17}$$

であることがわかる．以上から，式 (2.15) や式 (2.16) で与えられる位相差および式 (2.17) で与えられる振幅を持つ電流 $i(t)$ が特殊解となることがわかる．

次に，式 (2.13) の左辺を零としたときの一般解を求める．一般解が $i(t) = I_i e^{pt}$ であると仮定する．ただし，I_i は定数であり，p は適当な実数または複素数である．$i(t) = I_i e^{pt}$ を

$$L\frac{d^2 i(t)}{dt^2} + R\frac{di(t)}{dt} + \frac{i(t)}{C} = 0 \tag{2.18}$$

に代入すると

$$(Lp^2 + Rp + \frac{1}{C})I_i e^{pt} = 0 \tag{2.19}$$

を得る．任意の時刻 t に関して，式 (2.19) が成り立つためには

$$Lp^2 + Rp + \frac{1}{C} = 0 \tag{2.20}$$

でなければならない．この p に関する 2 次方程式を解くと，p が

$$p = \frac{-R}{2L} \pm \frac{1}{2}\sqrt{\frac{R^2}{L^2} - \frac{4}{LC}} \tag{2.21}$$

であることがわかる．この式から，式 (2.20) を満足する p は，素子値 L, C, R の大小関係に応じて，式 (2.21) の右辺の根号の中が正の場合，零の場合，負の場合の 3 通りに分けることができる．

まず，根号の中が正の場合，p は異なる二つの実数となる．これらを p_1, p_2 とすると，式 (2.13) の左辺を零としたときの一般解は

$$i(t) = I_1 e^{p_1 t} + I_2 e^{p_2 t} \tag{2.22}$$

となる．ただし，I_1 や I_2 は初期値によって定まる定数である．したがって，式 (2.13) の解は

$$i(t) = I_1 e^{p_1 t} + I_2 e^{p_2 t} + I_m \sin(\omega t + \theta) \tag{2.23}$$

となる．式 (2.21) の右辺の根号の中が正の場合，p_1 や p_2 は負であるから，式

---

† 式 (2.14) の右辺の $\sin \omega t$ の係数が零という条件だけでは，式 (2.15) や式 (2.16) の右辺の符号を決めることができない．しかし，V_m も I_m も振幅であるから正なので，式 (2.14) の右辺の $\cos \omega t$ の係数も正でなければならない．このことから，$\sin \theta$ と $\cos \theta$ の符号が式 (2.15) や式 (2.16) のとおり定まる．

(2.23)の右辺の最初の 2 項は t が増加するとともに，単調減少して零に近づき，やがて最後の項だけが残ることがわかる．

次に，根号の中が零の場合，p は $-R/2L$ という重解となる．この場合，明らかに $i(t) = I_i e^{pt}$ は，式 (2.18) の解となる．さらに，$i(t) = I_i t e^{pt}$ を式 (2.18) に代入すると

$$L\frac{d^2 i(t)}{dt^2} + R\frac{di(t)}{dt} + \frac{i(t)}{C} = (Lp^2 + Rp + \frac{1}{C})I_i t e^{pt} + (2Lp + R)I_i e^{pt} \tag{2.24}$$

となり，p が $Lp^2 + Rp + (1/C) = 0$ の重解であり，$p = -R/2L$ であることから，$I_i t e^{pt}$ および $I_i e^{pt}$ の係数はともに零となる．したがって，$i(t) = I_i t e^{pt}$ も式 (2.18) の解であることがわかる．これらのことから，式 (2.14) の解は

$$i(t) = I_{01} e^{-(R/2L)t} + I_{02} t e^{-(R/2L)t} + I_m \sin(\omega t + \theta) \tag{2.25}$$

となる．ただし，I_{01} と I_{02} は初期値によって定まる定数である．式 (2.25) の右辺第 1 項は，t が増加するとともに，単調減少して零に近づき，第 2 項は $t = 2L/R$ まで増加し，その後単調に減少して零に近づく．したがって，この場合も，やがて最後の項だけが残ることがわかる．

最後に，根号の中が負の場合について考える．この場合，p を $-\sigma_0 \pm j\omega_0$ と表すことができる．ただし，$\sigma_0 = R/2L$ であり，$\omega_0 = \sqrt{(4/LC) - R^2/L^2}/2$ である．これより，式 (2.13) の左辺を零としたときの一般解は

$$i(t) = I_a e^{(-\sigma_0 + j\omega_0)t} + I_b e^{-(\sigma_0 + j\omega_0)t} \tag{2.26}$$

となる．ただし，I_a と I_b は初期値によって定まる定数であり，複素数である．そこで，I_a と I_b を実部および虚部に分け，

$$I_a = I_{ar} + jI_{ai} \tag{2.27}$$

$$I_b = I_{br} + jI_{bi} \tag{2.28}$$

とする．これらを式 (2.26) に代入すると

$$\begin{aligned} i(t) &= (I_{ar} + jI_{ai})e^{(-\sigma_0 + j\omega_0)t} + (I_{br} + jI_{bi})e^{-(\sigma_0 + j\omega_0)t} \\ &= \{(I_{ar} + jI_{ai})(\cos\omega_0 t + j\sin\omega_0 t) \\ &\quad + (I_{br} + jI_{bi})(\cos\omega_0 t - j\sin\omega_0 t)\}e^{-\sigma_0 t} \end{aligned}$$

$$
\begin{aligned}
&= \{(I_{ar}+I_{br})\cos\omega_0 t - (I_{ai}-I_{bi})\sin\omega_0 t \\
&\quad +j(I_{ai}+I_{bi})\cos\omega_0 t + j(I_{ar}-I_{br})\sin\omega_0 t\}e^{-\sigma_0 t} \quad (2.29)
\end{aligned}
$$

が得られる．$v(t)$ は実数であるので，$i(t)$ も実数でなければならないから

$$I_{ai} = -I_{bi} \tag{2.30}$$

$$I_{ar} = I_{br} \tag{2.31}$$

が成り立つ．したがって，$i(t)$ は

$$i(t) = 2(I_{ar}\cos\omega_0 t - I_{ai}\sin\omega_0 t)e^{-\sigma_0 t} \tag{2.32}$$

となる．これより，式 (2.13) の解は

$$i(t) = 2(I_{ar}\cos\omega_0 t - I_{ai}\sin\omega_0 t)e^{-\sigma_0 t} + I_m \sin(\omega t + \theta) \tag{2.33}$$

となる．この場合，式 (2.32) の右辺第 1 項と第 2 項は振動し，その振動が減少しながら零に近づく．この場合も，最後の項だけが残ることがわかる．

2.1.3 一般的な LCR 回路

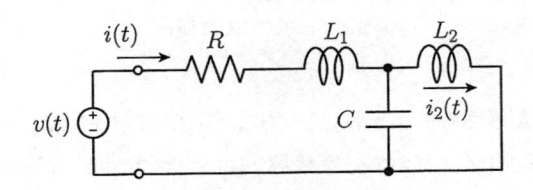

図 **2.4** LCR 回路の例 (2)

ここでは，一般的な LCR 回路の時間応答を，これまでに説明した微分方程式を解く方法によって求める場合について考える．

例えば，図 2.4 に示す，抵抗と 2 個のインダクタ，容量，電圧源からなる回路も，素子関係式とキルヒホッフの法則から

$$v(t) = Ri(t) + L_1\frac{di(t)}{dt} + L_2\frac{di_2(t)}{dt} \tag{2.34}$$

$$v(t) = Ri(t) + L_1\frac{di(t)}{dt} + \frac{1}{C}\int\{i(t)-i_2(t)\}dt \tag{2.35}$$

という式が得られる．ここで，式 (2.34) を $di_2(t)/dt$ について解くと

$$\frac{di_2(t)}{dt} = \frac{1}{L_2}v(t) - \frac{R}{L_2}i(t) - \frac{L_1}{L_2}\frac{di(t)}{dt} \tag{2.36}$$

となり，また，式 (2.35) を t について 2 回微分すると
$$\frac{d^2v(t)}{dt^2} = R\frac{d^2i(t)}{dt^2} + L_1\frac{d^3i(t)}{dt^3} + \frac{1}{C}\left\{\frac{di(t)}{dt} - \frac{di_2(t)}{dt}\right\} \tag{2.37}$$
となる．この式に式 (2.36) を代入すると
$$v(t) + L_2C\frac{d^2v(t)}{dt^2}$$
$$= L_1L_2C\frac{d^3i(t)}{dt^3} + L_2RC\frac{d^2i(t)}{dt^2} + (L_1+L_2)\frac{di(t)}{dt} + Ri(t) \tag{2.38}$$
という微分方程式が得られる．

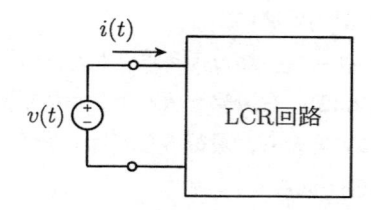

図 **2.5** 一般の LCR 回路

以上の例から類推されるように，一般に，図 2.5 に示す抵抗，インダクタ，容量からなる LCR 回路において，電圧源 $v(t)$ と LCR 回路に流れ込む電流 $i(t)$ との関係が
$$\sum_{k=0}^{n} a_k \frac{d^k}{dt^k} v(t) = \sum_{k=0}^{m} b_k \frac{d^k}{dt^k} i(t) \tag{2.39}$$
となることが知られている．ただし，a_k および b_k は回路の素子値から決まる定数である．したがって，式 (2.39) で表される微分方程式を解くことにより，線形回路の時間応答を求めることができる．しかし，一般に式 (2.39) の n や m の値が大きくなればなるほど，微分方程式を解くことが難しくなる．

2.2 ラプラス変換による解法

前節で述べたように，微分方程式を用いて線形回路の時間応答を求めることは一般に煩雑である．本節では，**ラプラス変換**を用いて線形回路の時間応答を

求める方法について説明する．

2.2.1　ラプラス変換の定義

初めに，ラプラス変換の対象となる関数の条件について述べる．ラプラス変換することのできる関数 $f(t)$ は

$$f(t) = 0 \quad (t < 0) \tag{2.40}$$

を満足しなければならない．この条件は，一見すると，扱える関数の範囲が狭いように思われる．しかし，時間応答を求める場合，入力を加える前は入力が零，すなわち，$f(t) = 0$ という状態であると考えられるので，式 (2.40) は特に強い制約にはならない．次に，ラプラス変換することのできる関数 $f(t)$ は

$$\int_0^\infty |f(t)e^{-\sigma t}| dt < \infty \tag{2.41}$$

を満足しなければならない．ただし，σ は適当な実変数である．

以上の条件を関数 $f(t)$ が満足するとき，関数 $f(t)$ のラプラス変換として関数 $F(s)$ が

$$F(s) = \int_0^\infty f(t)e^{-st} dt \tag{2.42}$$

と定義される．ただし，s は

$$s = \sigma + j\omega \tag{2.43}$$

と表される複素変数であり，σ や ω は実変数である．

例えば，ステップ関数 $u(t)$ のラプラス変換を求めると，式 (2.42) の定義から

$$\int_0^\infty u(t)e^{-st} dt = \int_0^\infty e^{-st} dt = \left[-\frac{1}{s}e^{-st}\right]_0^\infty$$
$$= \left[-\frac{1}{s}e^{-\sigma t}e^{-j\omega t}\right]_0^\infty \tag{2.44}$$

となる．ここで，変数 σ が正であるとし，t を無限大とすると，$e^{-\sigma t}$ は零となるので，$u(t)$ のラプラス変換が

$$\int_0^\infty u(t)e^{-st} dt = \left[-\frac{1}{s}e^{-\sigma t}e^{-j\omega t}\right]_0^\infty = 0 - \left(-\frac{1}{s}\right) = \frac{1}{s} \tag{2.45}$$

であることがわかる．

比較のため，ステップ関数のフーリエ変換を求めてみる．フーリエ変換の定

義式は

$$F(j\omega) = \int_{-\infty}^{\infty} f(t)e^{-j\omega t}dt \tag{2.46}$$

であるので，この定義式に $f(t) = u(t)$ を代入すると

$$\int_{-\infty}^{\infty} u(t)e^{-j\omega t}dt = \int_{0}^{\infty} u(t)e^{-j\omega t}dt = \left[-\frac{1}{j\omega}e^{-j\omega t}\right]_{0}^{\infty} \tag{2.47}$$

となる．$e^{-j\omega t}$ において t を無限大にしたときの値は定まらないので，$u(t)$ のフーリエ変換は存在しないことがわかる．このことから，ラプラス変換では，σ という変数を導入したことにより，扱える関数の範囲が広くなっている．

【例題 2.1】 $f(t) = e^{-at}u(t)$ のラプラス変換を求めてみる．

$f(t) = e^{-at}u(t)$ を式 (2.42) に代入すると

$$\begin{aligned} F(s) &= \int_0^\infty f(t)e^{-st}dt = \int_0^\infty e^{-at}u(t)e^{-st}dt \\ &= \int_0^\infty e^{-(s+a)t}dt = \left[\frac{-1}{s+a}e^{-(s+a)t}\right]_0^\infty \end{aligned}$$

となる．$\sigma > -a$ のとき，この積分を求めることができ，$F(s)$ は

$$F(s) = \frac{1}{s+a}$$

となる．

2.2.2　ラプラス変換の性質

この項では，ラプラス変換を用いて線形回路の時間応答を求めるために必要なラプラス変換の性質について説明する．また，表記を簡単にするために，関数 $f(t)$ のラプラス変換 $F(s)$ を $\mathcal{L}[f(t)]$ と表す．すなわち，

$$F(s) = \mathcal{L}[f(t)] \tag{2.48}$$

である．また，関数 $F(s)$ の逆ラプラス変換 $f(t)$ を

$$f(t) = \mathcal{L}^{-1}[F(s)] \tag{2.49}$$

と表すことにする．

(1) 線 形 性　$\mathcal{L}[f_1(t)] = F_1(s)$，$\mathcal{L}[f_2(t)] = F_2(s)$ のとき，任意の定数 a_1，a_2 について

$$\mathcal{L}[a_1 f_1(t) + a_2 f_2(t)] = a_1 F_1(s) + a_2 F_2(s) \tag{2.50}$$

が成り立つ.

証明 定義式 (2.42)を用いて，関数 $a_1 f_1(t) + a_2 f_2(t)$ をラプラス変換すると

$$\int_0^\infty \{a_1 f_1(t) + a_2 f_2(t)\} e^{-st} dt$$
$$= a_1 \int_0^\infty f_1(t) e^{-st} dt + a_2 \int_0^\infty f_2(t) e^{-st} dt$$
$$= a_1 F_1(s) + a_2 F_2(s) \tag{2.51}$$

となるので，任意の定数 a_1, a_2 について式 (2.50) が成り立つことがわかる． ◇

(2) スケーリング $\mathcal{L}[f(t)] = F(s)$ ならば，任意の定数 a について

$$\mathcal{L}[f(at)] = \frac{1}{a} F\left(\frac{s}{a}\right) \tag{2.52}$$

$$\mathcal{L}\left[\frac{1}{a} f\left(\frac{t}{a}\right)\right] = F(as) \tag{2.53}$$

が成り立つ．

証明 定義式 (2.42)を用いて，$f(at)$ をラプラス変換すると

$$\int_0^\infty f(at) e^{-st} dt = \int_0^\infty f(at) e^{-\frac{s}{a} at} dt \tag{2.54}$$

となる．ここで，$at = x$ と変数変換すると

$$\int_0^\infty f(at) e^{-\frac{s}{a} at} dt = \int_0^\infty f(x) e^{-\frac{s}{a} x} \frac{1}{a} dx = \frac{1}{a} F\left(\frac{s}{a}\right) \tag{2.55}$$

となる．また，$\mathcal{L}[f(at)] = (1/a) F(s/a)$ が成り立つことがわかったので，$b = 1/a$ とし，b をこの式に代入すると

$$\mathcal{L}\left[f\left(\frac{t}{b}\right)\right] = b F(bs) \tag{2.56}$$

となる．ここで，さらに b を a に置き換えると，$\mathcal{L}[f(t/a)] = a F(as)$ が得られ，式 (2.53)が成り立つことがわかる． ◇

(3) 原点の移動 $\mathcal{L}[f(t)] = F(s)$ ならば，任意の定数 τ や a について

$$\mathcal{L}[f(t - \tau)] = e^{-s\tau} F(s) \tag{2.57}$$

$$\mathcal{L}[e^{-at} f(t)] = F(s + a) \tag{2.58}$$

が成り立つ．

証明 定義式 (2.42) を用いて，$f(t-\tau)$ をラプラス変換すると
$$\int_0^\infty f(t-\tau)e^{-st}dt = \int_0^\infty f(t-\tau)e^{-s(t-\tau)}dte^{-s\tau} \tag{2.59}$$
となる．ここで，$t-\tau = x$ と変数変換すると
$$\int_0^\infty f(t-\tau)e^{-s(t-\tau)}dte^{-s\tau} = \int_{-\tau}^\infty f(x)e^{-sx}dxe^{-s\tau} \tag{2.60}$$
が得られる．ラプラス変換で扱う関数 $f(t)$ は $t<0$ のとき常に零である．したがって，式 (2.60) は
$$\int_{-\tau}^\infty f(x)e^{-sx}dxe^{-s\tau} = \int_0^\infty f(x)e^{-sx}dxe^{-s\tau} = F(s)e^{-s\tau} \tag{2.61}$$
となり，式 (2.57) が成り立つことがわかる．

また，関数 $e^{-at}f(t)$ を，定義式 (2.42) に基づき，ラプラス変換すると
$$\int_0^\infty e^{-at}f(t)e^{-st}dt = \int_0^\infty f(t)e^{-(s+a)t}dt = F(s+a) \tag{2.62}$$
が得られ，式 (2.58) が成り立つことがわかる． ◇

(4) 時間微分 $\mathcal{L}[f(t)] = F(s)$ ならば
$$\mathcal{L}\left[\frac{df(t)}{dt}\right] = sF(s) - f(0_-) \tag{2.63}$$
が成り立つ．ただし，$f(0_-)$ は $t=0$ における $f(t)$ の値を表している．

証明 定義式 (2.42) を用いて，$df(t)/dt$ をラプラス変換すると
$$\mathcal{L}\left[\frac{df(t)}{dt}\right] = [f(t)e^{-st}]_0^\infty - \int_0^\infty f(t)(-s)e^{-st}dt$$
$$= 0 - f(0_-) + s\int_0^\infty f(t)e^{-st}dt = -f(0_-) + sF(s) \tag{2.64}$$
となり，式 (2.63) が成り立つことがわかる． ◇

(5) 時間積分 $\mathcal{L}[f(t)] = F(s)$ ならば
$$\mathcal{L}\left[\int_{-\infty}^t f(\tau)d\tau\right] = \frac{1}{s}F(s) \tag{2.65}$$
が成り立つ．

証明 定義式 (2.42) と部分積分の手法を用いて，$\int_{-\infty}^t f(\tau)d\tau$ をラプラス変換すると
$$\int_0^\infty \int_{-\infty}^t f(\tau)d\tau e^{-st}dt$$
$$= \left[\int_{-\infty}^t f(\tau)d\tau \frac{e^{-st}}{-s}\right]_0^\infty - \int_0^\infty f(t)\frac{e^{-st}}{-s}dt$$

$$= \frac{-1}{s}\left(0 - \int_{-\infty}^{0} f(\tau)d\tau\right) + \frac{1}{s}\int_{0}^{\infty} f(t)e^{-st}dt$$

$$= \frac{1}{s}\int_{-\infty}^{0} f(\tau)d\tau + \frac{1}{s}F(s) \tag{2.66}$$

となる．式 (2.40)から $f(\tau)$ は $\tau < 0$ では常に零であるので

$$\int_{0}^{\infty}\int_{-\infty}^{t} f(\tau)d\tau e^{-st}dt = \frac{1}{s}\int_{-\infty}^{0} f(\tau)d\tau + \frac{1}{s}F(s)$$

$$= \frac{1}{s}F(s) \tag{2.67}$$

となり，式 (2.65)が成り立つことがわかる． ◇

(6) 畳み込み積分 第 1 章で述べたように，畳み込み積分は線形回路を記述するための重要な積分であり，関数 $f_1(t)$ と関数 $f_2(t)$ の畳み込み積分は

$$f_1(t) * f_2(t) = \int_{-\infty}^{\infty} f_1(\tau)f_2(t-\tau)d\tau \tag{2.68}$$

である．ただし，$*$ は畳み込み積分を表す演算子である．

$\mathcal{L}[f_1(t)] = F_1(s)$, $\mathcal{L}[f_2(t)] = F_2(s)$ であるならば，$f_1(t)$ と $f_2(t)$ の畳み込み積分に関して

$$\mathcal{L}[f_1(t) * f_2(t)] = F_1(s)F_2(s) \tag{2.69}$$

が成り立つ．

|証明| ラプラス変換の定義式 (2.42)から，$f_1(t) * f_2(t)$ のラプラス変換は

$$\int_{0}^{\infty}\{f_1(t) * f_2(t)\}e^{-st}dt = \int_{0}^{\infty}\int_{-\infty}^{\infty} f_1(\tau)f_2(t-\tau)d\tau e^{-st}dt \tag{2.70}$$

となる．ここで，ラプラス変換で扱う関数は $t < 0$ において常に零であることから，関数 $f_1(t)$ に着目すると，式 (2.70)は

$$\int_{0}^{\infty}\int_{-\infty}^{\infty} f_1(\tau)f_2(t-\tau)d\tau e^{-st}dt = \int_{0}^{\infty}\int_{0}^{\infty} f_1(\tau)f_2(t-\tau)d\tau e^{-st}dt \tag{2.71}$$

となる．さらに，式 (2.71)を変形すると

$$\int_{0}^{\infty}\int_{0}^{\infty} f_1(\tau)f_2(t-\tau)d\tau e^{-st}dt$$

$$= \int_{0}^{\infty} f_1(\tau)\int_{0}^{\infty} f_2(t-\tau)e^{-s(t-\tau)}dt e^{-s\tau}d\tau$$

$$= \int_{0}^{\infty} f_1(\tau)F_2(s)e^{-s\tau}d\tau = F_1(s)F_2(s) \tag{2.72}$$

となり，式 (2.69)が成り立つことがわかる． ◇

[問 2.2]　$f(t) = \cos\omega_0 t \cdot u(t)$ および $g(t) = \sin\omega_0 t \cdot u(t)$ のラプラス変換を求めよ．

2.2.3　ラプラス変換による線形回路の解析

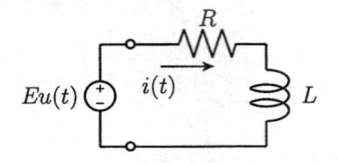

図 2.6　LR 回路 (2)

図 2.6 に，図 2.2 の LR 回路を再び示す．この回路を例に，ラプラス変換による線形回路の解析手法について述べる．

図 2.2 と全く同様に，図 2.6 から

$$Ri(t) + L\frac{di(t)}{dt} = Eu(t) \tag{2.73}$$

が得られる．ここで，$i(t)$ のラプラス変換を $I(s)$ とすれば，ラプラス変換の線形性から，式 (2.73) のラプラス変換は，各項についてラプラス変換を行えばよく，

$$RI(s) + L\{sI(s) - i(0_-)\} = \frac{E}{s} \tag{2.74}$$

となる．これを $I(s)$ について解くと

$$I(s) = \frac{\frac{E}{s} + Li(0_-)}{sL + R} \tag{2.75}$$

が得られる．この式を

$$I(s) = \frac{E}{R}\left(\frac{1}{s} - \frac{L}{sL + R}\right) + \frac{Li(0_-)}{sL + R} \tag{2.76}$$

と変形し，$1/s$ が $u(t)$ のラプラス変換，$1/(s+a)$ が $e^{-at}u(t)$ のラプラス変換であることに注意すれば，$i(t)$ が

$$i(t) = \left\{\frac{E}{R}\left(1 - e^{-\frac{R}{L}t}\right) + i(0_-)e^{-\frac{R}{L}t}\right\}u(t) \tag{2.77}$$

であることがわかる．さらに，初期値 $i(0_-)$ を零とすれば

$$i(t) = \frac{E}{R}\left(1 - e^{-\frac{R}{L}t}\right)u(t) \tag{2.78}$$

となり，微分方程式による解析結果と一致する．

次に，一般の LCR 回路のラプラス変換を用いた解析手法について考えてみる．一般の LCR 回路の微分方程式は式 (2.39) で与えられる．電圧 $v(t)$ のラプラス変換を $V(s)$，電流 $i(t)$ のラプラス変換を $I(s)$ とし，この式の両辺をラプラス変換すると

$$\begin{aligned}
& a_n\{s^n V(s) - s^{n-1}v(0_-) - s^{n-2}v^{(1)}(0_-) - s^{n-3}v^{(2)}(0_-) - \cdots \\
& \quad - sv^{(n-2)}(0_-) - v^{(n-1)}(0_-)\} \\
& + a_{n-1}\{s^{n-1}V(s) - s^{n-2}v(0_-) - \cdots \\
& \quad - sv^{(n-3)}(0_-) - v^{(n-2)}(0_-)\} \\
& \vdots \\
& + a_1\{sV(s) - v(0_-)\} \\
& + a_0 V(s) \\
= \; & b_m\{s^m I(s) - s^{m-1}i(0_-) - s^{m-2}i^{(1)}(0_-) - s^{m-3}i^{(2)}(0_-) - \cdots \\
& \quad - si^{(m-2)}(0_-) - i^{(m-1)}(0_-)\} \\
& + b_{m-1}\{s^{m-1}I(s) - s^{m-2}i(0_-) - \cdots \\
& \quad - si^{(m-3)}(0_-) - i^{(m-2)}(0_-)\} \\
& \vdots \\
& + b_1\{sI(s) - i(0_-)\} \\
& + b_0 I(s)
\end{aligned} \tag{2.79}$$

となる†．この式を整理すると

$$\begin{aligned}
& \{a_n s^n + a_{n-1}s^{n-1} + \cdots + a_1 s + a_0\}V(s) \\
& - a_n\{s^{n-1}v(0_-) + s^{n-2}v^{(1)}(0_-) + \cdots \\
& \quad + sv^{(n-2)}(0_-) + v^{(n-1)}(0_-)\} \\
& - a_{n-1}\{s^{n-2}v(0_-) + \cdots
\end{aligned}$$

---

† $f^{(i)}(t)$ は $f(t)$ の i 階微分を表し，$f^{(i)}(t)$ のラプラス変換については演習問題を参照のこと．

$$+sv^{(n-3)}(0_-)+v^{(n-2)}(0_-)\}-\cdots$$
$$-a_1v(0_-)$$
$$=\{b_ms^m+b_{m-1}s^{m-1}+\cdots+b_1s+b_0\}I(s)$$
$$-b_m\{s^{m-1}i(0_-)+s^{m-2}i^{(1)}(0_-)+\cdots$$
$$+si^{(m-2)}(0_-)+i^{(m-1)}(0_-)\}$$
$$-b_{m-1}\{s^{m-2}i(0_-)+\cdots$$
$$+si^{(m-3)}(0_-)+i^{(m-2)}(0_-)\}-\cdots$$
$$-b_1i(0_-) \tag{2.80}$$

を得る．これより，$I(s)$ は

$$I(s)=\frac{N_1(s)}{D_0(s)}V(s)+\frac{N_0(s)}{D_0(s)} \tag{2.81}$$

となる．ただし，$D_0(s)$, $N_1(s)$, $N_0(s)$ はそれぞれ

$$D_0(s) = b_ms^m+b_{m-1}s^{m-1}+\cdots+b_1s+b_0 \tag{2.82}$$
$$N_1(s) = a_ns^n+a_{n-1}s^{n-1}+\cdots+a_1s+a_0 \tag{2.83}$$
$$N_0(s) = b_m\{s^{m-1}i(0_-)+s^{m-2}i^{(1)}(0_-)+\cdots$$
$$+si^{(m-2)}(0_-)+i^{(m-1)}(0_-)\}$$
$$+b_{m-1}\{s^{m-2}i(0_-)+\cdots$$
$$+si^{(m-3)}(0_-)+i^{(m-2)}(0_-)\}+\cdots$$
$$+b_1i(0_-)$$
$$-a_n\{s^{n-1}v(0_-)+s^{n-2}v^{(1)}(0_-)+\cdots$$
$$+sv^{(n-2)}(0_-)+v^{(n-1)}(0_-)\}$$
$$-a_{n-1}\{s^{n-2}v(0_-)+\cdots$$
$$+sv^{(n-3)}(0_-)+v^{(n-2)}(0_-)\}-\cdots$$
$$-a_1v(0_-) \tag{2.84}$$

である．

2.2 ラプラス変換による解法

一般に $V(s)$ は，s の有理関数で表されるので

$$V(s) = \frac{N_v(s)}{D_v(s)} \tag{2.85}$$

と置く．ただし，$N_v(s)$ と $D_v(s)$ は s の多項式である．式 (2.85) を式 (2.81) に代入すると，$I(s)$ は

$$I(s) = \frac{N_1(s)N_v(s) + N_0(s)D_v(s)}{D_0(s)D_v(s)} \tag{2.86}$$

となる．ここで，分母多項式 $D_0(s)D_v(s)$ を新たに

$$D_0(s)D_v(s) = D(s) \tag{2.87}$$

と置くと，$D(s) = 0$ を s について解くことにより，時間応答 $i(t)$ を求めることができる．

まず，$D(s) = 0$ の解がすべて異なり，k 個の解があるとする．これらの解を $s_i (i = 1 \sim k)$ とすると，$I(s)$ を

$$I(s) = \frac{\alpha_1}{s - s_1} + \frac{\alpha_2}{s - s_2} + \cdots + \frac{\alpha_k}{s - s_k} \tag{2.88}$$

と展開することができる．この展開方法を**部分分数展開**と呼ぶ．式 (2.88) において，$\alpha_i (i = 1 \sim k)$ は定数であり，

$$\alpha_i = (s - s_i)I(s)|_{s=s_i} \tag{2.89}$$

という式から求めることができる．式 (2.88) の右辺の各項は，時間領域では $\alpha_i e^{s_i t}$ であるので，時間応答 $i(t)$ が

$$i(t) = \alpha_1 e^{s_1 t} + \alpha_2 e^{s_2 t} + \cdots + \alpha_k e^{s_k t} \tag{2.90}$$

となる．ただし，右辺全体に掛かる $u(t)$ は省略している．

$D(s) = 0$ に重解がある場合も同様の手順により，時間応答 $i(t)$ を求めることができる．一般性を失うことなく，s_1 が l 重解であるとし，残りの $k-l$ 個の解が s_2 から s_{k-l+1} であるとする．この場合，$I(s)$ は

$$\begin{aligned} I(s) &= \{\frac{\alpha_{1,1}}{s-s_1} + \frac{\alpha_{1,2}}{(s-s_1)^2} + \cdots + \frac{\alpha_{1,l}}{(s-s_1)^l}\} \\ &\quad + \frac{\alpha_2}{s-s_2} + \cdots + \frac{\alpha_{k-l+1}}{s-s_{k-l+1}} \end{aligned} \tag{2.91}$$

と部分分数展開される．i が $i = 2 \sim k-l+1$ のとき，α_i は，重解が無い場合と全く同じに

$$\alpha_i = (s - s_i)I(s)|_{s=s_i} \tag{2.92}$$

と与えられる．さらに，$\alpha_{1,i}(i=1\sim l)$ は

$$(s-s_1)^l I(s) = \{\alpha_{1,1}(s-s_1)^{l-1} + \alpha_{1,2}(s-s_1)^{l-2} + \cdots + \alpha_{1,l}\}$$
$$+ (s-s_1)^l\{\frac{\alpha_2}{s-s_2} + \cdots + \frac{\alpha_k}{s-s_k}\} \quad (2.93)$$

という関係を用いれば

$$\alpha_{1,i} = \frac{1}{(l-i)!} \cdot \frac{d^{l-i}}{ds^{l-i}}\{(s-s_i)^l I(s)\}\bigg|_{s=s_1} \quad (2.94)$$

となることがわかる．$\alpha_{1,i}/(s-s_1)^i$ の逆ラプラス変換は $\alpha_{1,i}t^{i-1}e^{s_1 t}/(i-1)!$ なので[†]，時間応答 $i(t)$ は

$$i(t) = \{\alpha_{1,1}e^{s_1 t} + \alpha_{1,2}te^{s_1 t} + \frac{\alpha_{1,3}t^2 e^{s_1 t}}{2!} + \cdots + \frac{\alpha_{1,l}t^{l-1}e^{s_1 t}}{(l-1)!}\}$$
$$+ \alpha_2 e^{s_2 t} + \cdots + \alpha_{k-l+1}e^{s_{k-l+1} t} \quad (2.95)$$

となる．また，重解が複数種類ある場合も全く同じ手順により，時間応答 $i(t)$ を求めることができる．

[問 2.3] ラプラス変換によって得られた関数 $F(s) = (3s+4)/(s^2+3s+2)$ を部分分数展開することにより，時間応答 $f(t)$ を求めよ．

2.2.4 ラプラス変換と正弦波定常励振応答

ラプラス変換は時刻 $t=0$ からの線形回路の時間応答を解析するための数学的手法である．一方，フーリエ変換は，線形回路に無限の時間の間，正弦波を加え続けた場合の定常応答を解析する手法である．このことから，線形回路に正弦波を加え，ラプラス変換を用いて解析した結果は，時刻 t を無限大とすれば，フーリエ変換による解析結果と一致することが予想される．そこで，線形回路への入力 $v(t)$ として，複素正弦波を加えた場合の出力 $i(t)$ について考えてみる．すなわち，$v(t)$ は

$$v(t) = \begin{cases} V_m e^{j\omega t} & (t \geq 0) \\ 0 & (t < 0) \end{cases} \quad (2.96)$$

である．

$v(t)$ のラプラス変換を $V(s)$ とし，$i(t)$ のラプラス変換が $I(s)$ であるとする．

[†] 演習問題を参照のこと．

2.2 ラプラス変換による解法

式 (2.81) から，$V(s)$ と $I(s)$ の間には

$$I(s) = H(s)V(s) + \frac{N_0(s)}{D_0(s)} \tag{2.97}$$

という関係がある．ただし，$H(s)$ は

$$H(s) = \frac{N_1(s)}{D_0(s)} \tag{2.98}$$

である．式 (2.97) を逆ラプラス変換することにより，$i(t)$ は

$$i(t) = \mathcal{L}^{-1}[H(s)V(s)] + \mathcal{L}^{-1}\left[\frac{N_0(s)}{D_0(s)}\right] \tag{2.99}$$

となる．

式 (2.99) の右辺第 2 項は，式 (2.90) や式 (2.95) を参考にすると，$D_0(s)$ が重解を持たない場合

$$\mathcal{L}^{-1}\left[\frac{N_0(s)}{D_0(s)}\right] = \sum_{i=1}^{k} \alpha_i e^{s_i t} \tag{2.100}$$

となり，s_1 が l 重解の場合は

$$\mathcal{L}^{-1}\left[\frac{N_0(s)}{D_0(s)}\right] = \sum_{i=1}^{l} \alpha_{1,i} \frac{t^{i-1}}{(i-1)!} e^{s_1 t} + \sum_{i=2}^{k-l} \alpha_i e^{s_i t} \tag{2.101}$$

となるので，いずれの場合においても，$D_0(s) = 0$ の解 s_i が一つでも $\mathrm{Re}[s_i] > 0$ となる[†]と，$t \to \infty$ において式 (2.99) の右辺第 2 項は無限大となる．逆に，$D(s) = 0$ の解 s_i すべてが，$\mathrm{Re}[s_i] < 0$ を満足するならば，$t \to \infty$ において零となり，回路の出力は，右辺第 2 項には依存せず，入力 $v(t)$ のみによって定まる．このような状態を**回路が安定**であるという．回路が安定であるためには，式 (2.99) の右辺第 2 項は，$t \to \infty$ において零とならなければならない．また，回路が安定であれば，右辺第 2 項は定常状態で零となるので，これを**過渡項**と呼ぶ．

次に，式 (2.99) の右辺第 1 項は，ラプラス変換された関数の積を逆ラプラス変換すると，畳み込み積分になるので

$$\mathcal{L}^{-1}[H(s)V(s)] = \int_{-\infty}^{\infty} h(\tau)v(t-\tau)d\tau \tag{2.102}$$

となる．ここで，$\tau > t$ では $v(t-\tau) = 0$ であるから，式 (2.102) は

$$\mathcal{L}^{-1}[H(s)V(s)] = \int_{-\infty}^{t} h(\tau)v(t-\tau)d\tau = \int_{-\infty}^{t} h(\tau)V_m e^{j\omega(t-\tau)}d\tau$$

[†] $\mathrm{Re}[s_i]$ は s_i の実部を表す．以下，同様に表記する．

と書き換えられる．さらに，$t \to \infty$ とすると，式 (2.103) は

$$
\begin{aligned}
\lim_{t \to \infty} \mathcal{L}^{-1}[H(s)V(s)] &= \lim_{t \to \infty} \int_{-\infty}^{t} h(\tau) V_m e^{j\omega(t-\tau)} d\tau \\
&= \lim_{t \to \infty} \int_{-\infty}^{t} h(\tau) e^{-j\omega\tau} d\tau V_m e^{j\omega t} \\
&= \int_{-\infty}^{\infty} h(\tau) e^{-j\omega\tau} d\tau v(t) \\
&= H(j\omega) v(t) \tag{2.104}
\end{aligned}
$$

となる．ただし，$H(j\omega)$ は $h(t)$ のフーリエ変換である．

以上から，$t \to \infty$ では，$i(t)$ は

$$\lim_{t \to \infty} i(t) = H(j\omega) v(t) \tag{2.105}$$

となることがわかる．また，$H(j\omega)$ は，$h(t)$ が $t < 0$ において零であることから

$$
\begin{aligned}
H(j\omega) &= \int_{-\infty}^{\infty} h(t) e^{-j\omega t} dt = \int_{0}^{\infty} h(t) e^{-j\omega t} dt \\
&= \left. \int_{0}^{\infty} h(t) e^{-st} dt \right|_{s=j\omega} = H(s)|_{s=j\omega} \tag{2.106}
\end{aligned}
$$

と表すことができる．

時間応答を求める場合には，抵抗や容量，インダクタの素子関係式を，ラプラス変換を使って

$$V_R(s) = R I_R(s) \tag{2.107}$$

$$I_C(s) = sCV_C(s) - Cv(0_-) \tag{2.108}$$

$$V_L(s) = sLI_L(s) - Li(0_-) \tag{2.109}$$

と変換して解析すればよかった．しかし，正弦波定常励振応答だけを求める場合は，これまでの説明から，正弦波定常励振応答は初期値によって定まる $N_0(s)$ や $D_0(s)$ に依存しない．したがって，式 (2.108) や式 (2.109) の $Cv(0_-)$ や $Li(0_-)$ を零として解析を行い，最後に s を $j\omega$ に置き換えれば，フーリエ変換を用いた場合と同じ結果が得られることがわかる．

演 習 問 題

(1) 次の関数のラプラス変換を求めよ．ただし，以下の関数は $t < 0$ において常に 0 であるとする．

  (a) $f(t) = \delta(t)$
  ただし，$\delta(t)$ はデルタ関数あるいはインパルス関数と呼ばれ，任意の関数 $g(t)$ について
  $$\int_{-\infty}^{\infty} g(t)\delta(t)dt = g(0)$$
  を満たし，$t=0$ で無限大，$t \neq 0$ で零である関数である．

  (b) $f(t) = \dfrac{t^{n-1}}{(n-1)!}$

  (c) $f(t) = \dfrac{t^{n-1}e^{-at}}{(n-1)!}$

  (d) 図 2.7 に示す関数．

  (e) 図 2.8 に示す関数．

  (f) 図 2.9 に示す周期 T の関数．ただし，$0 \leq t < T$ における波形を表す関数 $f(t)$ のラプラス変換を $F(s)$ とする．

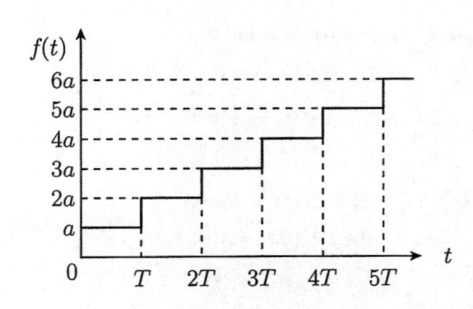

図 2.7 階段状波形 (1)

(2) 次の関係式を証明せよ．ただし，関数 $f(t)$ のラプラス変換を $F(s)$ とする．
$$\mathcal{L}\left[\frac{d^i f(t)}{dt^i}\right] = s^i F(s) - s^{i-1}f(0_-) - s^{i-2}f^{(1)}(0_-) - \cdots - f^{(i-1)}(0_-)$$

(3) ラプラス変換を用いて，次の微分方程式を解き，$f(t)$ を求めよ．ただし，$\delta(t)$ はデルタ関数である．

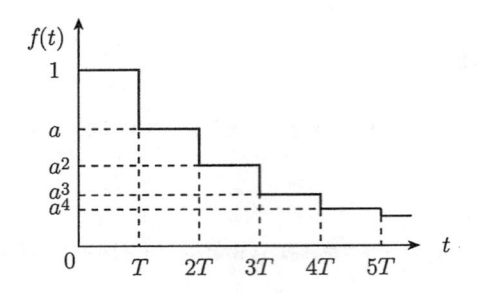

$f(t)$

図 2.8 階段状波形 (2)

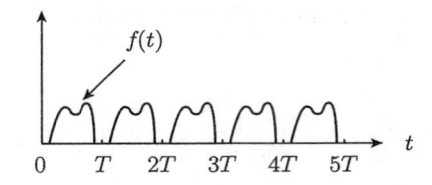

図 2.9 繰り返し波形

(a) $\dfrac{d^2}{dt^2}f(t) + 5\dfrac{d}{dt}f(t) + 6f(t) = 6u(t)$
ただし, $f(0_-) = 0$, $f^{(1)}(0_-) = 0$ とする.

(b) $\dfrac{d^2}{dt^2}f(t) + 7\dfrac{d}{dt}f(t) + 12f(t) = 84u(t)$
ただし, $f(0_-) = 0$, $f^{(1)}(0_-) = 0$ とする.

(c) $2\dfrac{d^2}{dt^2}f(t) + 7\dfrac{d}{dt}f(t) + 3f(t) = 15u(t)$
ただし, $f(0_-) = 0$, $f^{(1)}(0_-) = 0$ とする.

(d) $\dfrac{d^2}{dt^2}f(t) + 6\dfrac{d}{dt}f(t) + 8f(t) = 8u(t)$
ただし, $f(0_-) = 1$, $f^{(1)}(0_-) = 0$ とする.

(e) $\dfrac{d^3}{dt^3}f(t) + 6\dfrac{d^2}{dt^2}f(t) + 11\dfrac{d}{dt}f(t) + 6f(t) = 2\delta(t)$
ただし, $f(0_-) = 0$, $f^{(1)}(0_-) = 0$, $f^{(2)}(0_-) = 0$ とする.

(f) $\dfrac{d^3}{dt^3}f(t) + 4\dfrac{d^2}{dt^2}f(t) + 5\dfrac{d}{dt}f(t) + 2f(t) = \delta(t)$
ただし, $f(0_-) = 0$, $f^{(1)}(0_-) = 0$, $f^{(2)}(0_-) = 0$ とする.

(4) 関数 $f(t)$ の時間微分 $df(t)/dt$ がラプラス変換可能であるとする. このとき, 以下の関

2.2 ラプラス変換による解法

係が成り立つことを示せ[†]．ただし，$F(s)$ は $f(t)$ のラプラス変換である．

$$\lim_{s\to\infty} sF(s) = f(0_-) \quad (\text{この式を初期値定理と呼ぶ．})$$

$$\lim_{s\to 0} sF(s) = f(\infty) \quad (\text{この式を最終値定理と呼ぶ．})$$

(5) 図 2.10 に示すとおり，関数 $f(t)$ は時刻 $t = t_1$ において，Δ_1 の跳びを持つ関数である．この関数の時間微分 $df(t)/dt$ のラプラス変換を求めよ．ただし，$f(t)$ のラプラス変換を $F(s)$ とする．

[ヒント：$f(t)$ から跳びを取り去った関数 $g(t)$ とステップ関数 $u(t)$ によって，$f(t)$ を $f(t) = g(t) + \Delta_1 u(t - t_1)$ と表し，$g(t)$ のラプラス変換と $\Delta_1 u(t - t_1)$ のラプラス変換を求める．]

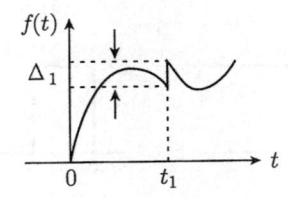

図 2.10 跳びのある関数

(6) 図 2.2 の電圧源 $Eu(t)$ の代わりに，$t = 0$ において正弦波 $v(t) = V_m \sin\omega_0 t$ を加えたときの $i(t)$ を求めよ．ただし，$i(0_-) = 0$ とする．

(7) 図 2.11 の RC 回路において，抵抗 R を 1Ω，容量 C を 1F とする．以下の問に答えよ．

(a) $V_{in}(t)$ として，図 2.12(a) に示す入力を加え，また，入力が加えられる前の容量 C の両端子の電位差が 0V であったとして，出力電圧 $V_{out}(t)$ を求めよ．

(b) (a) と同様に，$V_{in}(t)$ として，図 2.12(a) に示す入力を加え，また，入力が加えられる前の容量 C の両端子の電位差が 0.5V であったとして，出力電圧 $V_{out}(t)$ を求めよ．

(c) $V_{in}(t)$ として，図 2.12(b) に示す入力を加えたとする．ただし，$t_1 = 1$s とし，入力が加えられる前の容量 C の両端子の電位差は 0V であったとする．このときの出力電圧 $V_{out}(t)$ を求めよ．

[†] 初期値定理や最終値定理を用いれば，$F(s)$ が与えられている場合，$f(t)$ を求めずに，$f(0)$ や $f(\infty)$ を求めることができる．

(d) (c) において，t_1 が 0.01s の場合，$V_{out}(t)$ の概形はどうなるか．また，t_1 が 100s の場合はどうなるか．

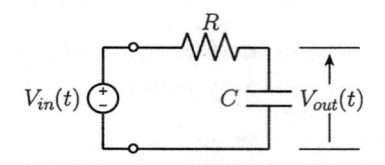

図 2.11 RC 回路

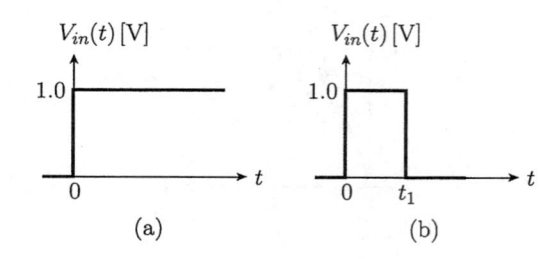

図 2.12 入力信号

(8) 図 2.13 の LCR 回路について以下の問に答えよ．ただし，各素子の値は $R = 1\Omega$，$L = 1\mathrm{H}$，$C = 1\mathrm{F}$ であるとする．

  (a) 入力 $V_{in}(t)$ として，図 2.12(a) に示すステップ状に変化する入力を図 2.13 の LCR 回路に加えた．このとき，LCR 回路に流れ込む電流 $I_{in}(t)$ の時間応答を求めよ．ただし，インダクタ L を流れる初期電流と容量 C に加わる初期電圧はともに零とする．

  (b) 入力 $V_{in}(t)$ として，正弦波 $V_{in}(t) = V_m \sin\omega t$ を図 2.13 の LCR 回路に加えた．ただし，$V_m = 1\mathrm{V}$，$\omega = 1\mathrm{rad/s}$ とする．このとき，時間 t が十分経過した後の $V_{out}(t)$ の振幅を求めよ．

(9) 図 2.3 において，$t = 0$ のとき，容量 C の端子間に発生している電圧が 0V，回路に流れている電流 $i(t)$ が 0A であるとし，さらに，$v(t) = V_m \sin\omega t$，$V_m = 1\mathrm{V}$，$\omega = 1\mathrm{rad/s}$，$C = 1\mathrm{F}$，$L = 1\mathrm{H}$ の場合の $i(t)$ の時間応答を求めよ．ただし，R は 4Ω，2Ω，1Ω の 3 通りとする．

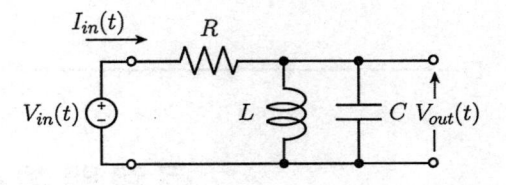

図 2.13　LCR 回路

3

回路関数の性質

　線形回路において，すべての初期値を零としたときの入力と出力のラプラス変換の比を**回路関数**と呼ぶ．一般に入力や出力は電圧または電流であり，入力を加える端子対と出力を取り出す端子対が同一端子対でも構わない．

　本章では，LCR 回路の合成の基礎となる回路関数の性質について説明する．

3.1　回路の受動性

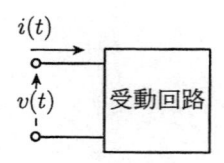

図 3.1　回路の受動性

　図 3.1 は，2 端子回路とそれに加わる電圧 $v(t)$，流れ込む電流 $i(t)$ を表している．電圧 $v(t)$ と電流 $i(t)$ により，この 2 端子回路の瞬時電力 $p(t)$ は

$$p(t) = v(t)i(t) \tag{3.1}$$

と定義される．ここで，簡単のため，$v(t)$ と $i(t)$ を

$$v(t) = V_m \sin(\omega t + \phi) \tag{3.2}$$

$$i(t) = I_m \sin(\omega t + \theta) \tag{3.3}$$

とする．ただし，V_mとI_mはそれぞれ，電圧$v(t)$と電流$i(t)$の振幅であり，ωは角周波数，また，ϕとθは位相である．このとき，1周期$T(=2\pi/\omega)$の平均電力P，すなわち

$$P = \frac{1}{T}\int_0^T p(t)dt \tag{3.4}$$

を実効電力と呼ぶ．さらに，Pが

$$P \geq 0 \tag{3.5}$$

である2端子回路を受動回路と呼ぶ[†]．

式 (3.2)と式 (3.3)を式 (3.4)に代入すると

$$\begin{aligned}
P &= \frac{1}{T}\int_0^T V_m I_m \sin(\omega t + \phi)\sin(\omega t + \theta)dt \\
&= \frac{V_m I_m}{2T}\int_0^T \{\cos(\phi - \theta) - \cos(2\omega t + \phi + \theta)\}dt \\
&= \frac{V_m I_m}{2T}\left[\{\cos(\phi - \theta)\}t - \frac{1}{2\omega}\sin(2\omega t + \phi + \theta)\right]_0^T \\
&= \frac{V_m I_m}{2}\cos(\phi - \theta) \tag{3.6}
\end{aligned}$$

が得られる．したがって，2端子回路が受動回路であるならば

$$\cos(\phi - \theta) \geq 0 \tag{3.7}$$

が成り立つ．

式 (3.2)と式 (3.3)のように，電圧と電流が正弦波状に変化しているとすれば，実効電力Pは，電圧と電流の複素表示を用いても表すことができる．式 (3.2)と式 (3.3)を複素表示を用いて書き換えると

$$V = \frac{V_m}{\sqrt{2}}e^{j\phi} \tag{3.8}$$

$$I = \frac{I_m}{\sqrt{2}}e^{j\theta} \tag{3.9}$$

となるので，Pは

$$P = \text{Re}[V\overline{I}] = \text{Re}[\overline{V}I] = \frac{1}{2}(V\overline{I} + \overline{V}I) \tag{3.10}$$

[†] 受動回路に対して能動回路と呼ばれる回路がある．能動回路はトランジスタなどによって構成され，Pが負となる回路である．

と表される. ただし, ‾ は複素共役を表す[†].

複素表示を用いた場合に, 2 端子回路に加わる電圧 V と流れる電流 I の比を駆動点インピーダンスと呼ぶ. その逆数を駆動点アドミタンスと呼ぶ[††]. すなわち, 図 3.1 の 2 端子回路の駆動点インピーダンス $Z(j\omega)$ は

$$Z(j\omega) = \frac{V}{I} \tag{3.11}$$

であり, 駆動点アドミタンス $Y(j\omega)$ は

$$Y(j\omega) = \frac{I}{V} \tag{3.12}$$

である. 式 (3.11) に式 (3.8) と式 (3.9) を代入すると

$$Z(j\omega) = \frac{V_m}{I_m} e^{j(\phi-\theta)} = \frac{V_m}{I_m} \{\cos(\phi-\theta) + j\sin(\phi-\theta)\} \tag{3.13}$$

が得られる. この式から, 図 3.1 の 2 端子回路が受動回路であるならば, 駆動点インピーダンス $Z(j\omega)$ の実部は

$$\mathrm{Re}[Z(j\omega)] \geq 0 \tag{3.14}$$

を満足しなければならないことがわかる.

同様に, 式 (3.12) に式 (3.8) と式 (3.9) を代入すると

$$Y(j\omega) = \frac{I_m}{V_m} e^{j(\theta-\phi)} = \frac{I_m}{V_m} \{\cos(\theta-\phi) + j\sin(\theta-\phi)\} \tag{3.15}$$

が得られる. cos 関数は偶関数であるから, $\cos(\theta-\phi) = \cos(\phi-\theta)$ となる. したがって, 図 3.1 の 2 端子回路が受動回路であるならば, 駆動点インピーダンスと同様に, その駆動点アドミタンスの実部も

$$\mathrm{Re}[Y(j\omega)] \geq 0 \tag{3.16}$$

を満足しなければならないことがわかる.

【例題 3.1】 抵抗 R, 容量 C, インダクタ L の直列回路の駆動点インピーダンスと駆動点アドミタンスの実部を求めてみる.

抵抗 R, 容量 C, インダクタ L の直列回路の駆動点インピーダンス $Z(j\omega)$

[†] 以下, 同様に表記する.

[††] 駆動点インピーダンスは, 2 端子回路に流れ込む電流を入力とし, 2 端子間に現れる電圧を出力としたときの回路関数である. 同様に, 駆動点アドミタンスは, 2 端子間に加わる電圧を入力とし, 2 端子回路に流れ込む電流を出力としたときの回路関数である.

は
$$Z(j\omega) = R + \frac{1}{j\omega C} + j\omega L = R + j(\omega L - \frac{1}{\omega C}) \tag{3.17}$$
であるから，$Z(j\omega)$ の実部は
$$\text{Re}[Z(j\omega)] = R \geq 0 \tag{3.18}$$
となる．

一方，抵抗 R, 容量 C, インダクタ L の直列回路の駆動点アドミタンス $Y(j\omega)$ は $Z(j\omega)$ の逆数であるから
$$\begin{aligned} Y(j\omega) = \frac{1}{Z(j\omega)} &= \frac{1}{R + \frac{1}{j\omega C} + j\omega L} \\ &= \frac{R - j(\omega L - \frac{1}{\omega C})}{R^2 + (\omega L - \frac{1}{\omega C})^2} \end{aligned} \tag{3.19}$$
となる．したがって，$Y(j\omega)$ の実部も
$$\text{Re}[Y(j\omega)] = \frac{R}{R^2 + (\omega L - \frac{1}{\omega C})^2} \geq 0 \tag{3.20}$$
となる．

[問 3.1] 抵抗 R と容量 C, インダクタ L の並列回路の駆動点アドミタンスと駆動点インピーダンスの実部を求め，いずれも零以上であることを確かめよ．

3.2 テレゲンの定理

線形回路の性質を解析するための有効な定理として，以下に示すテレゲンの定理が知られている．

定理 3.1
　[テレゲンの定理]
回路中の素子に加わる電圧とその素子を流れる電流の積の総和は零である．

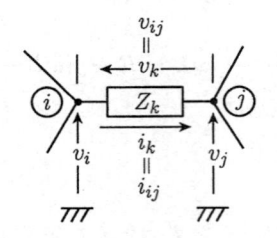

図 **3.2** テレゲンの定理 (1)

証明 図 3.2 に示すように，節点 i と節点 j の間に接続された，回路中の k 番目の素子 Z_k に加わる電圧 v_k と Z_k を流れる電流 i_k に基づき，テレゲンの定理を証明する．

テレゲンの定理とは

$$\sum_{k=1}^{b} v_k i_k = 0 \tag{3.21}$$

が成り立つことである．以下では，式 (3.21) が成り立つことを証明する．

i 番目の節点の電位を v_i，j 番目の節点の電位を v_j とすれば，v_k は

$$v_k = v_i - v_j \tag{3.22}$$

と表すことができる．また，i_k を節点 i から j に流れる電流という意味で $i_k = i_{ij}$ と表すことにする．ここで，節点数を n とすると，節点 i に接続されている素子の電圧と電流の積の総和 S_i は

$$S_i = \sum_{j=1}^{n}(v_i - v_j) i_{ij} \tag{3.23}$$

となる．ただし，節点 i との間に接続されていない素子がある節点については $i_{ij} = 0$ であると考える．さらに，節点 i を順番に 1 番目の節点から n 番目の節点へと切り替えて，S_i の総和を求める．この S_i の総和は，各素子の電圧と電流の積が 2 度加算されているので，各素子の電圧と電流の積の総和の 2 倍となる．すなわち

$$\sum_{i=1}^{n} S_i = \sum_{i=1}^{n}\sum_{j=1}^{n}(v_i - v_j)i_{ij} = 2\sum_{k=1}^{b} v_k i_k \tag{3.24}$$

が成り立つ．式 (3.24) の第 2 辺は，v_i に関する項と v_j に関する項に分解でき，

$$\sum_{i=1}^{n}\sum_{j=1}^{n}(v_i - v_j)i_{ij} = \sum_{i=1}^{n}\sum_{j=1}^{n}v_i i_{ij} - \sum_{i=1}^{n}\sum_{j=1}^{n}v_j i_{ij} \quad (3.25)$$

となる．さらに，i に関する加算と j に関する加算の順序を変えても総和は変わらないので

$$\sum_{i=1}^{n}\sum_{j=1}^{n}v_i i_{ij} - \sum_{i=1}^{n}\sum_{j=1}^{n}v_j i_{ij} = \sum_{i=1}^{n}v_i\sum_{j=1}^{n}i_{ij} - \sum_{j=1}^{n}v_j\sum_{i=1}^{n}i_{ij} \quad (3.26)$$

と変形することができる．ここで，i_{ij} の j に関する 1 から n までの総和は，節点 i から流出する電流の総和を表しているので，キルヒホッフの電流則から

$$\sum_{j=1}^{n}i_{ij} = 0 \quad (3.27)$$

が成り立つことがわかる．また，i_{ij} の i に関する 1 から n までの総和は，節点 j に流入する電流の総和を表しているので，同様に

$$\sum_{i=1}^{n}i_{ij} = 0 \quad (3.28)$$

が成り立つ．これらより，式 (3.24) は零であることがわかり，テレゲンの定理が成り立つ． ◇

テレゲンの定理はキルヒホッフの電流則だけに基づく定理であるから，電圧や電流をラプラス変換した後もキルヒホッフの電流則は成り立つので，v_k や i_k のラプラス変換をそれぞれ $V_k(s)$，$I_k(s)$ とすれば

$$\sum_{k=1}^{b}V_k(s)I_k(s) = 0 \quad (3.29)$$

が成り立つ．

テレゲンの定理から，回路構造が同一で素子の種類や素子値が異なる，別の回路の電圧と電流との関係を表す定理も導くことができる．

定理 3.2

[同一回路構造を有する二つの回路に関するテレゲンの定理]
同一回路構造を有する二つの回路において，一つの回路の素子の電圧と，

もう一つの回路の対応する素子の電流の積の総和は零である．同様に，同一回路構造を有する2個の回路において，一つの回路の素子の電流と，もう一つの回路の対応する素子の電圧の積の総和は零である．

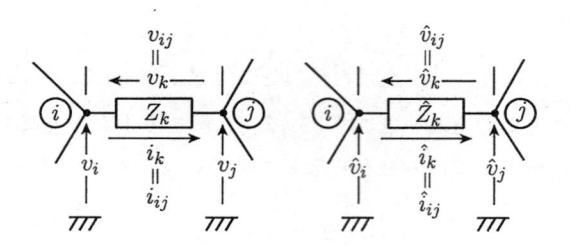

図 **3.3** テレゲンの定理 (2)

証明 図3.3に基づいて，この定理を証明する．一つの回路に関するテレゲンの定理と同様に，$\sum_{k=1}^{b} v_k \hat{i}_k$を求めると

$$\begin{aligned}
\sum_{k=1}^{b} v_k \hat{i}_k &= \frac{1}{2} \sum_{i=1}^{n} \sum_{j=1}^{n} (v_i - v_j) \hat{i}_{ij} \\
&= \frac{1}{2} \{ \sum_{i=1}^{n} \sum_{j=1}^{n} v_i \hat{i}_{ij} - \sum_{i=1}^{n} \sum_{j=1}^{n} v_j \hat{i}_{ij} \} \\
&= \frac{1}{2} \{ \sum_{i=1}^{n} v_i \sum_{j=1}^{n} \hat{i}_{ij} - \sum_{i=j}^{n} v_j \sum_{i=1}^{n} \hat{i}_{ij} \} = 0 \quad (3.30)
\end{aligned}$$

となる．したがって，定理3.2の前半が成り立つことがわかる．
$\sum_{k=1}^{b} \hat{v}_k i_k$についても全く同様であり，$\sum_{k=1}^{b} \hat{v}_k i_k = 0$となり，定理3.2の後半が成り立つ． ◇

この定理を用いれば，図3.3の左側の回路のv_kやi_kをそれぞれラプラス変換後の電圧$V_k(s)$およびラプラス変換後の電流$I_k(s)$とし，右側の回路の$\hat{v}_k$や$\hat{i}_k$

3.2 テレゲンの定理

を $V_k(s)$ や $I_k(s)$ の複素共役,すなわち $\overline{V}_k(s)$ や $\overline{I}_k(s)$ とすれば

$$\sum_{k=1}^{b} V_k(s)\overline{I}_k(s) = 0 \tag{3.31}$$

$$\sum_{k=1}^{b} \overline{V}_k(s)I_k(s) = 0 \tag{3.32}$$

が成り立つことがわかる.

【例題 3.2】 図 3.4 の簡単な回路を例に用い,テレゲンの定理により駆動点インピーダンスが求められることを示す.

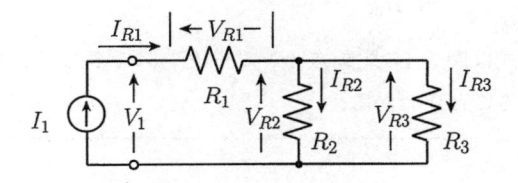

図 3.4 テレゲンの定理の応用例

図 3.4 は,抵抗 R_2 と R_3 とが並列接続され,その抵抗値は $R_2R_3/(R_2+R_3)$ である.この並列抵抗に抵抗 R_1 が直列に接続されているので,図 3.4 の回路の駆動点インピーダンス Z_R は

$$Z_R = R_1 + \frac{R_2R_3}{R_2+R_3} \tag{3.33}$$

であることがわかる.

一方,テレゲンの定理を用いて図 3.4 の回路の駆動点インピーダンスを求めてみる.電流源 I_1 のみ電圧と電流の向きがそろっていることに注意すると,テレゲンの定理から

$$V_1(-I_1) + V_{R1}I_{R1} + V_{R2}I_{R2} + V_{R3}I_{R3} = 0 \tag{3.34}$$

が得られる.この式から,V_1I_1 は

$$V_1I_1 = V_{R1}I_{R1} + V_{R2}I_{R2} + V_{R3}I_{R3} = R_1I_{R1}^2 + R_2I_{R2}^2 + R_3I_{R3}^2 \tag{3.35}$$

となる.また,抵抗 R_2 と R_3 の端子間に加わる電圧が等しいので,それらを流れる電流 I_{R2} と I_{R3} の間には

$$I_{R_2} : I_{R_3} = R_3 : R_2 \tag{3.36}$$

という関係がある．さらに，電流 I_{R1} と I_1 が等しく，I_{R1} が二つに分かれて I_{R2} と I_{R3} になることから，I_{R2} と I_{R3} は

$$I_{R2} = \frac{R_3}{R_2 + R_3} I_1 \tag{3.37}$$

$$I_{R3} = \frac{R_2}{R_2 + R_3} I_1 \tag{3.38}$$

となる．これらの式を式 (3.35) に代入すると

$$V_1 I_1 = R_1 I_1^2 + R_2 \left(\frac{R_3}{R_2 + R_3} I_1\right)^2 + R_3 \left(\frac{R_2}{R_2 + R_3} I_1\right)^2 \tag{3.39}$$

が得られる．この式の両辺を I_1^2 で割ると

$$\frac{V_1}{I_1} = R_1 + R_2 \left(\frac{R_3}{R_2 + R_3}\right)^2 + R_3 \left(\frac{R_2}{R_2 + R_3}\right)^2$$

$$= R_1 + \frac{R_2 R_3}{R_2 + R_3} \tag{3.40}$$

となる．この式は図 3.4 の駆動点インピーダンスを表しており，式 (3.33) と一致していることがわかる．

3.3 エネルギー関数と正実関数

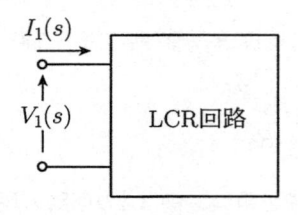

図 3.5 LCR 回路

3.3.1 エネルギー関数の導出

テレゲンの定理を用いると，図 3.5 に示す一般の LCR 回路について

$$V_1(s)\{-\overline{I}_1(s)\} + \sum_{i=1}^{n_R} V_{Ri}(s) \overline{I}_{Ri}(s)$$

$$+ \sum_{i=1}^{n_L} V_{Li}(s) \overline{I}_{Li}(s) + \sum_{i=1}^{n_C} V_{Ci}(s) \overline{I}_{Ci}(s) = 0 \tag{3.41}$$

3.3 エネルギー関数と正実関数

という式を導くことができる.ただし,$V_{Ri}(s)$ と $I_{Ri}(s)$ は i 番目の抵抗に加わるラプラス変換後の電圧と電流であり,n_R は抵抗の数,$V_{Li}(s)$ と $I_{Li}(s)$ は i 番目のインダクタに加わるラプラス変換後の電圧と電流であり,n_L はインダクタの数,$V_{Ci}(s)$ と $I_{Ci}(s)$ は i 番目の容量に加わるラプラス変換後の電圧と電流であり,n_C は容量の数である.また,$\overline{}$ は複素共役を表している.抵抗やインダクタ,容量の素子関係式から,それぞれの素子の電圧と電流の間には

$$V_{Ri}(s) = R_i I_{Ri}(s) \tag{3.42}$$

$$V_{Li}(s) = sL_i I_{Li}(s) \tag{3.43}$$

$$V_{Ci}(s) = \frac{1}{sC_i} I_{Ci}(s) \tag{3.44}$$

という関係が成り立つ.ただし,R_i や L_i,C_i は i 番目の抵抗やインダクタ,容量の素子値である.これらの関係を式 (3.41) に代入すると

$$V_1(s)\overline{I}_1(s) = F + sT + \frac{U}{s} \tag{3.45}$$

を得る.ただし,F,T,U は,それぞれ

$$F = \sum_{i=1}^{n_R} R_i |I_{Ri}(s)|^2 \tag{3.46}$$

$$T = \sum_{i=1}^{n_L} L_i |I_{Li}(s)|^2 \tag{3.47}$$

$$U = \sum_{i=1}^{n_C} \frac{1}{C_i} |I_{Ci}(s)|^2 \tag{3.48}$$

であり,**エネルギー関数**と呼ばれている.

式 (3.46) から式 (3.48) は,$V_1(s)$ と $\overline{I}_1(s)$ の積から導かれたが,$\overline{V}_1(s)$ と $I_1(s)$ の積からも同様の関数を導くことができる.図 3.5 において,テレゲンの定理を用いると

$$\overline{V}_1(s)I_1(s) = \sum_{i=1}^{n_R} \overline{V}_{Ri}(s)I_{Ri}(s)$$

$$+ \sum_{i=1}^{n_L} \overline{V}_{Li}(s)I_{Li}(s) + \sum_{i=1}^{n_C} \overline{V}_{Ci}(s)I_{Ci}(s) \tag{3.49}$$

が得られ,抵抗とインダクタ,容量の電圧と電流の間には

$$I_{Ri}(s) = \frac{1}{R_i} V_{Ri}(s) \tag{3.50}$$

$$I_{Li}(s) = \frac{1}{sL_i}V_{Li}(s) \tag{3.51}$$

$$I_{Ci}(s) = sC_iV_{Ci}(s) \tag{3.52}$$

が成り立つので，これらを式 (3.49) に代入すると

$$\overline{V}_1(s)I_1(s) = F^* + \frac{T^*}{s} + sU^* \tag{3.53}$$

を得る．ただし，F^*, T^*, U^* は，それぞれ

$$F^* = \sum_{i=1}^{n_R} \frac{1}{R_i}|V_{Ri}(s)|^2 \tag{3.54}$$

$$T^* = \sum_{i=1}^{n_L} \frac{1}{L_i}|V_{Li}(s)|^2 \tag{3.55}$$

$$U^* = \sum_{i=1}^{n_C} C_i|V_{Ci}(s)|^2 \tag{3.56}$$

であり，これらもエネルギー関数と呼ばれている．

エネルギー関数を用いると，2 端子回路の性質を明らかにすることができる．例えば，回路関数の一つである，図 3.5 の回路の駆動点インピーダンス $Z(s)$ と駆動点アドミタンス $Y(s)$ について考えてみよう．$Z(s)$ と $Y(s)$ はそれぞれ

$$Z(s) = \frac{V_1(s)}{I_1(s)} = \frac{V_1(s)\overline{I}_1(s)}{I_1(s)\overline{I}_1(s)} = \frac{1}{|I_1(s)|^2}(F + sT + \frac{U}{s}) \tag{3.57}$$

$$Y(s) = \frac{I_1(s)}{V_1(s)} = \frac{I_1(s)\overline{V}_1(s)}{V_1(s)\overline{V}_1(s)} = \frac{1}{|V_1(s)|^2}(F^* + \frac{T^*}{s} + sU^*) \tag{3.58}$$

となり，エネルギー関数を用いて表すことができる．エネルギー関数は，式 (3.46) から式 (3.48) および式 (3.54) から式 (3.56) より明らかなように，零または正の実数であるから $\mathrm{Re}[s] > 0$ のとき，

$$\mathrm{Re}[Z(s)] \geq 0 \tag{3.59}$$

並びに

$$\mathrm{Re}[Y(s)] \geq 0 \tag{3.60}$$

が成り立つ．これらの式は，それぞれ式 (3.14) と式 (3.16) に対応していることがわかる．

[問 3.2] $s = \sigma + j\omega$ および $\sigma > 0$ のとき，抵抗 R と容量 C，インダクタ L の直列回路の駆動点インピーダンス $Z(s)$ の実部が零以上であることを確かめよ．

3.3.2 正実関数の性質

前項において,駆動点インピーダンスと駆動点アドミタンスの性質の一つをエネルギー関数を用いて明らかにした.駆動点インピーダンスや駆動点アドミタンスなどのように

□ s が実数のとき $H(s)$ も実数である.
□ $\text{Re}[s] > 0$ のとき $\text{Re}[H(s)] > 0$ である.

という性質を有する関数を**正実関数**と呼ぶ[†].正実関数は,回路の実現可能性を表す極めて重要な関数である.回路関数が正実関数であるならば,その回路関数は抵抗やインダクタ,容量などを用いて合成することができ,逆に抵抗やインダクタ,容量などからなる回路の駆動点インピーダンスや駆動点アドミタンスはすべて正実関数となることが知られている.以下では,正実関数の性質について述べる.

定理 3.3

正実関数の逆数は正実関数である.

証明 $H(s)$ が正実関数のとき,s が実数ならば,$H(s)$ の逆数も実数である.次に,$s = \sigma + j\omega$ とし,$H(s) = R(\sigma,\omega) + jX(\sigma,\omega)$ とする.ただし,$R(\sigma,\omega)$ は $H(s)$ の実部を,$X(\sigma,\omega)$ は $H(s)$ の虚部を表す[††].ここで,$H(s)$ が正実関数であるならば,$\sigma > 0$ のとき $R(\sigma,\omega) > 0$ であり,$H(s)$ の逆数は

$$\frac{1}{H(s)} = \frac{1}{R(\sigma,\omega) + jX(\sigma,\omega)} = \frac{R(\sigma,\omega) - jX(\sigma,\omega)}{R^2(\sigma,\omega) + X^2(\sigma,\omega)} \tag{3.61}$$

となるので,$\sigma > 0$ ならば $\text{Re}[1/H(s)] > 0$ である.したがって,正実関数の逆数は正実関数であることがわかる. ◇

[†] $\text{Re}[s] > 0$ のとき $\text{Re}[H(s)] = 0$ となる関数も正実関数に含める場合がある.しかし,$\text{Re}[s] > 0$ のとき,$\text{Re}[H(s)] = 0$ となるのは $H(s) = 0$ だけであることが知られている.$H(s) = 0$ という関数は実用的な意味が無いので,本書では含めないことにする.

[††] 以下,同様に表記する.

定理3.3によって，駆動点インピーダンスが正実関数であれば，その逆数である駆動点アドミタンスもまた正実関数となることが保証され，その逆も成り立つ．

定理 3.4

正実関数と正実関数の和は正実関数である．

証明 関数 $H_1(s)$ と $H_2(s)$ が正実関数のとき，s が実数ならば，$H_1(s)$ と $H_2(s)$ の和も実数である．また，$\text{Re}[s] > 0$ のとき，$\text{Re}[H_1(s)] > 0$，$\text{Re}[H_2(s)] > 0$ であるので，$\text{Re}[H_1(s) + H_2(s)] = \text{Re}[H_1(s)] + \text{Re}[H_2(s)]$ であるから，$\text{Re}[s] > 0$ のとき，$\text{Re}[H_1(s)] + \text{Re}[H_2(s)] > 0$ となる．したがって，正実関数と正実関数の和は正実関数であることがわかる． ◇

定理3.4は，駆動点インピーダンスの和や駆動点アドミタンスの和もまた駆動点インピーダンスや駆動点アドミタンスであることを示している．

定理 3.5

正実関数と正実関数の合成関数は正実関数である．

証明 関数 $G(s)$ と $H(s)$ が正実関数のとき，s が実数ならば $G(s)$ も実数である．さらに $G(s)$ が実数ならば合成関数 $H(G(s))$ も実数となる．また，$\text{Re}[s] > 0$ のとき，$G(s)$ の実部は正である．さらに $G(s)$ の実部が正ならば，合成関数 $H(G(s))$ の実部も正となる．したがって，$G(s)$ と $H(s)$ が正実関数ならば，合成関数 $H(G(s))$ も正実関数である． ◇

定理3.5は，回路中のインダクタや容量を一様に他の正実関数で表されるインピーダンスあるいはアドミタンスで置き換えて得られる駆動点インピーダンスや駆動点アドミタンスも正実関数となることを示している[†]．

[†] この定理は第6章で述べる周波数変換と関連している．

3.3 エネルギー関数と正実関数

【例題 3.3】 定理 3.3 から定理 3.5 が成り立つことを，具体的な関数を用いて示す．

まず，関数 $H_1(s) = s$ は明らかに正実関数である．s が実数のとき，$H_1(s)$ の逆数 $H_2(s) = 1/H_1(s) = 1/s$ は実数である．さらに，$s = \sigma + j\omega$ とすると

$$H_2(s) = \frac{1}{s} = \frac{1}{\sigma + j\omega} = \frac{\sigma - j\omega}{\sigma^2 + \omega^2} \tag{3.62}$$

となり，$\sigma > 0$ のとき，$H_2(s)$ の実部 $\mathrm{Re}[H_2(s)]$ は

$$\mathrm{Re}[H_2(s)] = \frac{\sigma}{\sigma^2 + \omega^2} > 0 \tag{3.63}$$

であるので，$H_2(s)$ は正実関数である．

次に，s が実数のとき，$H_1(s)$ と $H_2(s)$ の和 $H_3(s) = H_1(s) + H_2(s) = s + 1/s$ は実数である．$s = \sigma + j\omega$ とすると

$$\begin{aligned} H_3(s) &= s + \frac{1}{s} = \sigma + j\omega + \frac{1}{\sigma + j\omega} \\ &= \sigma + \frac{\sigma}{\sigma^2 + \omega^2} + j\left(\omega - \frac{\omega}{\sigma^2 + \omega^2}\right) \end{aligned} \tag{3.64}$$

となり，$\sigma > 0$ のとき，$H_3(s)$ の実部 $\mathrm{Re}[H_3(s)]$ は

$$\mathrm{Re}[H_3(s)] = \sigma + \frac{\sigma}{\sigma^2 + \omega^2} > 0 \tag{3.65}$$

であるので，$H_3(s)$ は正実関数である．

最後に，$H_2(s)$ と $H_3(s)$ の合成関数 $H_4(s) = H_2(H_3(s))$ について考える．$H_4(s)$ は

$$H_4(s) = \frac{1}{s + \dfrac{1}{s}} = \frac{s}{s^2 + 1} \tag{3.66}$$

であるから，s が実数のとき $H_4(s)$ も実数である．$s = \sigma + j\omega$ とすると

$$\begin{aligned} H_4(s) &= \frac{\sigma + j\omega}{(\sigma + j\omega)^2 + 1} \\ &= \frac{\sigma + j\omega}{(\sigma^2 - \omega^2 + 1) + j2\sigma\omega} \\ &= \frac{(\sigma + j\omega)\{(\sigma^2 - \omega^2 + 1) - j2\sigma\omega\}}{(\sigma^2 - \omega^2 + 1)^2 + 4\sigma^2\omega^2} \end{aligned} \tag{3.67}$$

となり，$H_4(s)$ の実部 $\mathrm{Re}[H_4(s)]$ は

$$\mathrm{Re}[H_4(s)] = \frac{\sigma(\sigma^2 + \omega^2 + 1)}{(\sigma^2 - \omega^2 + 1)^2 + 4\sigma^2\omega^2} \tag{3.68}$$

となるので，$\sigma > 0$ のとき，$\mathrm{Re}[H_4(s)]$ は正であることがわかる．したがって，$H_4(s)$ は正実関数である．

回路関数を $H(s)$ とすると，抵抗やインダクタ，容量からなる LCR 回路の場合，$H(s)$ を

$$H(s) = \frac{N(s)}{D(s)} \tag{3.69}$$

と表すことができる．ただし，$N(s)$ と $D(s)$ は s の多項式である．ここで，$N(s) = 0$ の解を零点と呼び，$D(s) = 0$ の解を極と呼ぶ．

定理 3.6

正実関数の極はすべて，複素平面の虚軸を含む左半平面に存在する．

証明 正実関数 $H(s)$ は m 個の同一の極 s_k を持つとする．ただし，m は 1 以上の整数である．このとき $H(s)$ は

$$H(s) = \frac{1}{(s-s_k)^m} \frac{N(s)}{F(s)} \tag{3.70}$$

と表される．ただし，$N(s)$ や $F(s)$ は $(s-s_k)$ を因数として含まない s の多項式である．s が s_k の十分近傍であるとすると

$$H(s) \simeq \frac{1}{(s-s_k)^m} \frac{N(s_k)}{F(s_k)} \tag{3.71}$$

が成り立つ．ここで，$s-s_k$ と $N(s_k)/F(s_k)$ を極座標形式を用いて表すと

$$s - s_k = \epsilon e^{j\theta} \tag{3.72}$$

$$\frac{N(s_k)}{F(s_k)} = A e^{j\phi} \tag{3.73}$$

となる．ただし，ϵ と A はそれぞれ $s-s_k$ と $N(s_k)/F(s_k)$ の大きさ，θ と ϕ はそれぞれ $s-s_k$ と $N(s_k)/F(s_k)$ の偏角である．これより，$H(s)$ は

$$H(s) \simeq \frac{A}{\epsilon^m} e^{j(\phi-m\theta)} = \frac{A}{\epsilon^m} \{\cos(\phi - m\theta) + j\sin(\phi - m\theta)\} \tag{3.74}$$

となる．ここで，$\text{Re}[s_k] > 0$ と仮定すると，s は s_k の十分近傍であるから，$\text{Re}[s] > 0$ も成り立つと考えられる．しかし，θ は任意の値を取り得るので，例えば $\phi - m\theta = \pi$ となるように θ を選ぶと，$\text{Re}[s] > 0$ であるにもかかわらず，$\text{Re}[H(s)] < 0$ となる．この結果は $H(s)$ が正実関数であるということに矛盾する．したがって，$\text{Re}[s_k] > 0$ という仮定は成り立たず，$\text{Re}[s_k] \leq 0$ でなければならないことがわかる． ◇

[問 3.3] 関数 $1/(s-1)$ が正実関数でないことを示せ.

定理 3.7

正実関数の極の実部が零ならば,その極は単根である.

証明 正実関数 $H(s)$ は m 個の同一の極 s_k を持つとする.ただし,m は 1 以上の整数である.このとき $H(s)$ は,定理 3.6 の場合と同様に

$$H(s) = \frac{1}{(s-s_k)^m}\frac{N(s)}{F(s)} \tag{3.75}$$

と表され,s が s_k の十分近傍であるとすると

$$H(s) \simeq \frac{A}{\epsilon^m}\{\cos(\phi - m\theta) + j\sin(\phi - m\theta)\} \tag{3.76}$$

が成り立つ.また,$\epsilon e^{j\theta} = s - s_k$ であるから

$$\mathrm{Re}[s] = \mathrm{Re}[s_k] + \epsilon\cos\theta \tag{3.77}$$

となる.ここで,s_k の実部が零であるから

$$\mathrm{Re}[s] = \epsilon\cos\theta \tag{3.78}$$

となる.したがって,$\mathrm{Re}[s] > 0$ となる θ の範囲は $-\pi/2 < \theta < \pi/2$ であることがわかる.さらに,$m \geq 2$ と仮定すると,$\cos(\phi - m\theta)$ が負となるような θ が存在し得る.この場合,$\mathrm{Re}[s] > 0$ であるにもかかわらず,$\mathrm{Re}[H(s)] < 0$ となり,$H(s)$ が正実関数であることに矛盾する.したがって,m は 1 でなければならない.   ◇

この証明から,$\cos(\phi - m\theta)$ が $-\pi/2 < \theta < \pi/2$ の範囲の θ について負とならないためには,$\phi = 0$ でなければならないこともわかる.したがって,$N(s_k)/F(s_k) = Ae^{j\phi} = A$ となる.

[問 3.4] 関数 $1/s^2$ が正実関数でないことを示せ.

3.3.3 フルビッツ多項式

定理 3.6 と定理 3.7 から,正実関数の極について

1. すべての極の実部は零または負
2. 実部が零の極は単根

でなければならないことがわかった．このことから，正実関数の分母多項式 $D(s)$ は

$$D(s) = (s^2 + \omega_1^2)(s^2 + \omega_2^2)\cdots(s^2 + \omega_m^2)P_h(s) \tag{3.79}$$

または

$$D(s) = s(s^2 + \omega_1^2)(s^2 + \omega_2^2)\cdots(s^2 + \omega_m^2)P_h(s) \tag{3.80}$$

と表されることがわかる．ただし，$\omega_i (i = 1 \sim m)$ はすべて異なり，$P_h(s)$ は $P_h(s) = 0$ の解の実部がすべて負である s の多項式である．式 (3.79) や式 (3.80) の $P_h(s)$ を特にフルビッツ多項式と呼ぶ．2.2.4 項での議論から，回路関数の分母多項式がフルビッツ多項式であれば，$t \to \infty$ において過渡項がすべて零となる．したがって，回路関数の分母多項式がフルビッツ多項式であることが，回路が安定であるための必要十分条件である．

ある多項式がフルビッツ多項式であるためには，各項の係数の符号がすべて等しくなければならないことが知られている．しかし，すべての係数の符号が等しいからといってフルビッツ多項式であるとは限らない．

[問 3.5]　多項式 $P(s) = s^3 + s^2 + s + 6$ がフルビッツ多項式ではないことを示せ．

3.4　リアクタンス関数の性質

インダクタと容量だけを含む回路をリアクタンス回路と呼び，リアクタンス回路の駆動点インピーダンスや駆動点アドミタンスをリアクタンス関数と呼ぶ†．ここでは，これまでに述べたエネルギー関数や正実関数の性質を利用して，LC2 端子回路の駆動点インピーダンスや駆動点アドミタンスであるリアクタンス関数に関する諸定理を示し，リアクタンス関数の性質を明らかにする．

3.4.1　リアクタンス関数に関する諸定理

定理 3.8

---

†　すなわち，リアクタンス関数は正実関数の部分集合である．

リアクタンス関数の極と零点は純虚数である．

証明 前節で導いた式 (3.57) より，LC2 端子回路の駆動点インピーダンス $Z_{LC}(s)$ は

$$Z_{LC}(s) = \frac{1}{|I_1(s)|^2}(sT + \frac{U}{s}) \tag{3.81}$$

と表される．$Z_{LC}(s) = 0$ として $Z_{LC}(s)$ の零点 z_{lc-imp} を求めると，エネルギー関数 T や U が零以上の実数であることから，z_{lc-imp} は

$$z_{lc-imp} = \pm j\sqrt{\frac{U}{T}} \tag{3.82}$$

となる．したがって，$Z_{LC}(s)$ の零点は純虚数であることがわかる．また，$Z_{LC}(s)$ の逆数は LC2 端子回路の駆動点アドミタンスであるから，LC2 端子回路の駆動点アドミタンスの極も純虚数であることがわかる．

同様に，LC2 端子回路の駆動点アドミタンス $Y_{LC}(s)$ は，式 (3.58) より

$$Y_{LC}(s) = \frac{1}{|V_1(s)|^2}(\frac{T^*}{s} + sU^*) \tag{3.83}$$

と表される．この式から $Y_{LC}(s)$ の零点 z_{lc-adm} を求めると，z_{lc-adm} は

$$z_{lc-adm} = \pm j\sqrt{\frac{T^*}{U^*}} \tag{3.84}$$

となる．したがって，$Y_{LC}(s)$ の零点は純虚数であることがわかる．また，$Y_{LC}(s)$ の逆数は LC2 端子回路の駆動点インピーダンスであるから，LC2 端子回路の駆動点インピーダンスの極も純虚数であることがわかる．

以上の結果から，リアクタンス関数である LC2 端子回路の駆動点インピーダンスと駆動点アドミタンスの極と零点は純虚数であることがわかる．

◇

定理 3.9

リアクタンス関数の極と零点は複素平面の虚軸上に交互に並ぶ．

証明 ここでは簡単のため，式 (3.81) の $|I_1(s)|^2$ を 1 に規格化して考える．式 (3.81) において，$|I_1(s)|^2 = 1$ とすると，式 (3.81) は

$$Z_{LC}(s) = sT + \frac{U}{s} \tag{3.85}$$

となる．この式に $s = \sigma + j\omega$ を代入すると
$$\begin{aligned} Z_{LC}(\sigma + j\omega) &= (\sigma + j\omega)T + \frac{U}{\sigma + j\omega} \\ &= \sigma T + \frac{\sigma U}{\sigma^2 + \omega^2} + j\left(\omega T - \frac{\omega U}{\sigma^2 + \omega^2}\right) \\ &= R(\sigma, \omega) + jX(\sigma, \omega) \end{aligned} \quad (3.86)$$
が得られる．ただし，$R(\sigma, \omega)$ と $X(\sigma, \omega)$ はそれぞれ，$Z_{LC}(s)$ の実部と虚部を表す，σ と ω の関数である．複素平面の虚軸上，すなわち $\sigma = 0$ では
$$Z_{LC}(j\omega) = jX(\omega) \quad (3.87)$$
となることは明らかである†．ここで，例えば，$Z_{LC}(s)$ が
$$Z_{LC}(s) = \frac{(s^2 + \omega_1^2)(s^2 + \omega_2^2)}{s(s^2 + \omega_3^2)} \quad (3.88)$$
であり，ω_1 と ω_2, ω_3 には
$$\omega_1 < \omega_2 < \omega_3 \quad (3.89)$$
という関係があるとする．このとき，$X(\omega)$ は図 3.6 となり，ω_x という点で $X(\omega)$ の傾きが零となる．したがって，もしも ω_1 と ω_2 のように定理 3.9 に反して極や零点が虚軸上に連続して並ぶと仮定すると，$X(\omega)$ は極大値または極小値を持つので $\partial X(\omega)/\partial \omega = 0$ となる．逆に，$X(\omega)$ が $\partial X(\omega)/\partial \omega > 0$ であれば，極と零点は虚軸上に交互に並んでいなければならない．そこで，$\partial X(\omega)/\partial \omega > 0$ であることから，極と零点が虚軸上に交互に並ぶことを示す．

まず，$R(\sigma, \omega)$ を σ に関して偏微分すると
$$\frac{\partial R(\sigma, \omega)}{\partial \sigma} = T + \sigma \frac{\partial T}{\partial \sigma} + \frac{\omega^2 - \sigma^2}{(\sigma^2 + \omega^2)^2} U + \frac{\sigma}{\sigma^2 + \omega^2} \frac{\partial U}{\partial \sigma} \quad (3.90)$$
が得られる．ここで $\sigma \to 0$ とすると，式 (3.90) は
$$\lim_{\sigma \to 0} \frac{\partial R(\sigma, \omega)}{\partial \sigma} = T + \frac{U}{\omega^2} \quad (3.91)$$
となる．LC2 端子回路においてエネルギー関数 T と U がともに零となることはないので
$$\lim_{\sigma \to 0} \frac{\partial R(\sigma, \omega)}{\partial \sigma} > 0 \quad (3.92)$$

---

† $\sigma = 0$ としたとき，$Z_{LC}(s)$ の虚部 $X(\sigma, \omega)$ が σ の関数でなくなることから，$X(0, \omega)$ を略して $X(\omega)$ と表記している．以下，同様の表記を用いる．

3.4 リアクタンス関数の性質

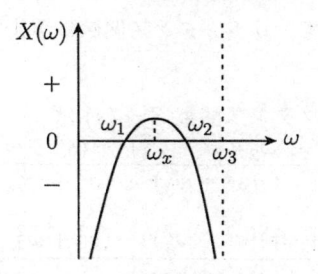

図 3.6 LC 2 端子回路のリアクタンス特性に関する反例

が得られる．さらに，コーシー・リーマンの関係式[†]から

$$\frac{\partial R(\sigma,\omega)}{\partial \sigma} = \frac{\partial X(\sigma,\omega)}{\partial \omega} \tag{3.93}$$

が成り立つので

$$\frac{\partial X(\omega)}{\partial \omega} = \lim_{\sigma \to 0} \frac{\partial X(\sigma,\omega)}{\partial \omega} = \lim_{\sigma \to 0} \frac{\partial R(\sigma,\omega)}{\partial \sigma} > 0 \tag{3.94}$$

となり，関数 $X(\omega)$ の傾きが常に正であることがわかる．しがって，極と零点は虚軸上に連続して並ぶことはない．

また，駆動点アドミタンスについても，同様の議論から極と零点は虚軸上に連続して並ぶことはないのは明らかである．　◇

定理 3.10

直流において，リアクタンス関数は零または無限大となる．

証明　直流，すなわち，$s=0$ のとき $U=0$ ならば，式 (3.85) から LC 2 端子回路の駆動点インピーダンス $Z_{LC}(s)$ は

$$Z_{LC}(s) = sT \tag{3.95}$$

となり，これに $s=0$ を代入すると，$Z_{LC}(s)$ は零となる．また，$U \neq 0$ のとき，式 (3.85) に $s=0$ を代入すると，$Z_{LC}(s)$ が無限大になる．また，エネルギー関数 T^* と U^* を用いれば，駆動点アドミタンス $Y_{LC}(s)$ についても $s=0$ のとき零または無限大となることは明らかである．　◇

[†] 複素関数が微分可能であるための実部と虚部の関係式のこと．

[問 3.6] $s = \infty$ において，リアクタンス関数は零または無限大となることを示せ．

以上の議論から，リアクタンス関数 $Z_{LC}(s)$ は
$$Z_{LC}(s) = Z_0 \frac{s(s^2 + \omega_2^2)(s^2 + \omega_4^2) \cdots (s^2 + \omega_{2n}^2)}{(s^2 + \omega_1^2)(s^2 + \omega_3^2) \cdots (s^2 + \omega_{2m-1}^2)} \tag{3.96}$$
または
$$Z_{LC}(s) = Z_0 \frac{(s^2 + \omega_1^2)(s^2 + \omega_3^2) \cdots (s^2 + \omega_{2m-1}^2)}{s(s^2 + \omega_2^2)(s^2 + \omega_4^2) \cdots (s^2 + \omega_{2n}^2)} \tag{3.97}$$
と表すことができる．ただし，Z_0 は正の定数であり，ω_i は
$$\omega_1 < \omega_2 < \omega_3 < \omega_4 < \cdots \tag{3.98}$$
を満たし，m は n または $n+1$ に等しい．

$\omega \geq 0$ の領域について，LC2 端子回路のリアクタンス特性を図示すると，図 3.7 あるいは図 3.8 などのようになる．

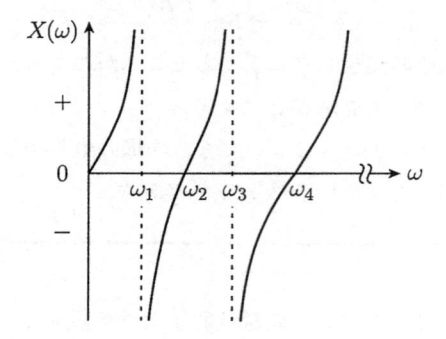

図 3.7 LC2 端子回路のリアクタンス特性 (1)

【例題 3.4】 $Z_{LC}(s) = s(s^2 + 2)/(s^2 + 1)$ は式 (3.96) を満たすので，リアクタンス関数である．$s = j\omega$ として，$Z_{LC}(s)$ の虚部 $X(\omega)$ の傾きを求めてみる．$Z_{LC}(s)$ に $s = j\omega$ を代入すると
$$Z_{LC}(s)|_{s=j\omega} = \frac{j\omega(2 - \omega^2)}{(1 - \omega^2)} \tag{3.99}$$
となるので，$X(\omega)$ は
$$X(\omega) = \frac{\omega(2 - \omega^2)}{(1 - \omega^2)} \tag{3.100}$$

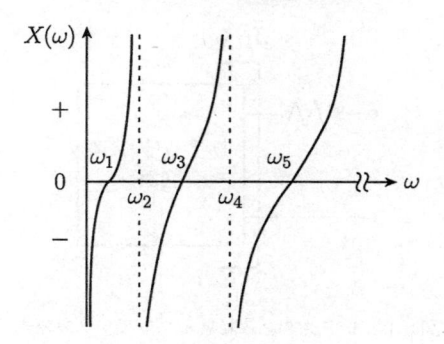

図 3.8 LC2 端子回路のリアクタンス特性 (2)

である．これを ω について微分すると

$$\frac{\partial X(\omega)}{\partial \omega} = \frac{(2-3\omega^2)(1-\omega^2) + 2\omega^2(2-\omega^2)}{(1-\omega^2)^2}$$

$$= \frac{2-\omega^2+\omega^4}{(1-\omega^2)^2} = \frac{(\omega^2-\frac{1}{2})^2+\frac{7}{4}}{(1-\omega^2)^2} \tag{3.101}$$

となり，ω の値にかかわらず，常に正であることがわかる．

[問 3.7] 駆動点アドミタンス $Y_{LC}(s)$ を $Y_{LC}(\sigma+j\omega) = G(\sigma,\omega)+jB(\sigma,\omega)$ というように，実部 $G(\sigma,\omega)$ と虚部 $B(\sigma,\omega)$ を用いて表した場合，$\partial B(\omega)/\partial \omega > 0$ であることを示せ．ただし，$B(\omega) = B(0,\omega)$ である．

3.4.2　リアクタンス関数とフルビッツ多項式

ここでは，リアクタンス関数とフルビッツ多項式とが密接に関連していることを示す．まず，図 3.9 に示す，リアクタンス回路に 1Ω の抵抗 R を直列に接続した回路の駆動点インピーダンスと駆動点アドミタンスを求める．リアクタンス回路部分だけの駆動点インピーダンス $Z_{LC}(s)$ を

$$Z_{LC}(s) = \frac{N_{LC}(s)}{D_{LC}(s)} \tag{3.102}$$

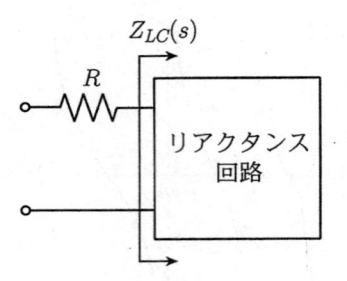

図 3.9 リアクタンス関数とフルビッツ多項式

とする．ただし，$N_{LC}(s)$ と $D_{LC}(s)$ は s の多項式であり，共通の因数を持たない．式 (3.102)から，図 3.9の回路の駆動点インピーダンス $Z_{LCR}(s)$ は

$$Z_{LCR}(s) = 1 + Z_{LC}(s) = \frac{N_{LC}(s) + D_{LC}(s)}{D_{LC}(s)} \tag{3.103}$$

となる．$Z_{LC}(s)$ は $s = j\omega$ を代入すると純虚数になるので，式 (3.103)から $Z_{LCR}(s) = 0$ を満足する s は $s = 0$ や $s = \pm j\omega_i$ ではあり得ない．また，駆動点アドミタンス $Y_{LCR}(s)$ は

$$Y_{LCR}(s) = \frac{D_{LC}(s)}{N_{LC}(s) + D_{LC}(s)} \tag{3.104}$$

である．$Y_{LCR}(s)$ はリアクタンス回路と抵抗から構成される回路の駆動点アドミタンスであるから，明らかに正実関数である．したがって，その分母多項式 $N_{LC}(s) + D_{LC}(s)$ は式 (3.79)あるいは式 (3.80)のいずれかでなければならない．しかし，$Z_{LCR}(s) = 0$ を満足する s は $s = 0$ や $s = \pm j\omega_i$ ではあり得ないので，$s = 0$ や $s = \pm j\omega_i$ は $N_{LC}(s) + D_{LC}(s) = 0$ の解ではあり得ない．このため，$N_{LC}(s) + D_{LC}(s) = 0$ の解として，実部が負の解しか存在せず，$N_{LC}(s) + D_{LC}(s)$ がフルビッツ多項式であることがわかる．

逆に，フルビッツ多項式 $P_h(s)$ を

$$P_h(s) = P_e(s) + P_o(s) \tag{3.105}$$

というように，偶数次の項だけからなる多項式 $P_e(s)$ と奇数次の項だけからなる多項式 $P_o(s)$ に分解したとき，それらの比はリアクタンス関数となることが知られている．

3.4 リアクタンス関数の性質

【例題 3.5】 リアクタンス関数 $Z_{LC}(s) = s(s^2+2)/(2s^2+1)$ の分母多項式と分子多項式の和がフルビッツ多項式となることを確かめる。$Z_{LC}(s)$ の分母多項式と分子多項式の和 $P(s)$ は

$$P(s) = s(s^2+2) + (2s^2+1) = s^3 + 2s^2 + 2s + 1$$
$$= (s+1)(s^2+s+1)$$

となる。$P(s) = 0$ を満たす解は $s = -1$ と $s = -1/2 \pm j\sqrt{3}/2$ であるので、すべて実部が負である。したがって、$P(s)$ はフルビッツ多項式であることがわかる。

[問 3.8] フルビッツ多項式 $P_h(s) = (s+1)(s+2)(s+3)$ を偶数次の項だけからなる多項式と奇数次の項だけからなる多項式に分解し、それらの比を求めるとリアクタンス関数となることを示せ。

演習問題

(1) 図 3.10(a) の回路の駆動点インピーダンス $Z_a(s)$ と図 3.10(b) の回路の駆動点アドミタンス $Y_b(s)$ を求め、分母多項式と分子多項式がともにフルビッツ多項式であることを確かめよ。

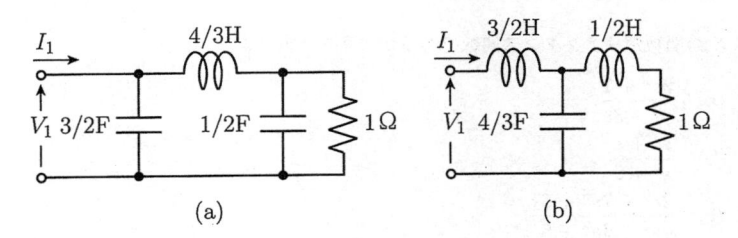

図 3.10 LCR 回路 (1)

(2) 図 3.11(a) と (b) の回路の駆動点インピーダンスに $s = \sigma + j\omega$ を代入することにより、駆動点インピーダンスが正実関数であることを確かめよ。ただし、すべての回路において、$L = 1\text{H}$, $C = 2\text{F}$, $R = 3\Omega$ とする。

(3) 次の関数が正実関数であるかどうか判定せよ。

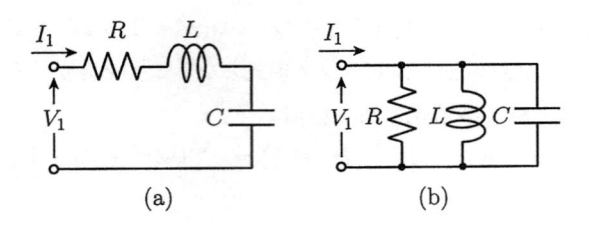

図 3.11 LCR 回路 (2)

(a) $\dfrac{1}{s+1}$

(b) $\dfrac{1}{s(s+1)}$

(c) $\dfrac{s^2+1}{s^3+2s}$

(4) 次の多項式がフルビッツ多項式であるかどうか判定せよ．

(a) $s^3 + 6s^2 + 11s + 6$

(b) $s^3 + s^2 - 3s + 9$

(c) $s^3 + 2s^2 + 2s + 1$

(d) $s^4 + 2s^3 + 10s^2 + 10s + 21$

(e) $3s^5 + 2s^4 + 27s^3 + 10s^2 + 54s + 8$

(5) 次の関数がリアクタンス関数であるかどうか判定せよ．

(a) $\dfrac{3s^2+1}{s^3+3s}$

(b) $\dfrac{s^3+s}{s^2+6}$

(c) $\dfrac{2s^5+7s^3+6s}{s^4+6s^2+5}$

(d) $\dfrac{s^4+5s^2+6}{s^5+11s^3+10s}$

(6) 図 3.12(a) と (b) の回路の駆動点インピーダンスをそれぞれ $Z_a(s)$, $Z_b(s)$ とし、また、これらのリアクタンスを $X_a(\omega)$, $X_b(\omega)$ とする．$Z_a(s)$ と $Z_b(s)$ を求め、それらのリアクタンス特性の概略を図示せよ．ただし、図 3.12(a) と (b) ともに、$L_1 = 1\mathrm{H}$, $L_2 = 2\mathrm{H}$, $C_1 = 3\mathrm{F}$, $C_2 = 4\mathrm{F}$ とする．

3.4 リアクタンス関数の性質

(a)

(b)

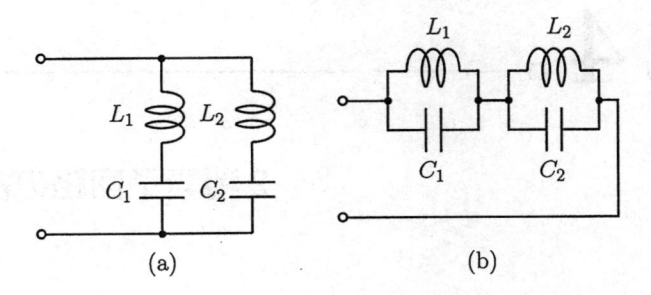

図 3.12　リアクタンス回路

4

2 種素子回路の合成

LC2 端子回路などのように，2 種類の素子だけから構成される 2 端子回路を **2 種素子回路**と呼ぶ．本章では，前章で説明したリアクタンス関数の性質を基に，リアクタンス関数から LC2 端子回路を合成する方法について述べる．次に，LC2 端子回路以外の 2 種素子回路である **RC2 端子回路**や **LR2 端子回路**と，LC2 端子回路との関係を示し，これらの合成方法についても説明する．

4.1 LC2 端子回路の合成

本節では，前章で導かれた駆動点インピーダンスや駆動点アドミタンスの関数形を基に，LC2 端子回路を合成する手法を示す．

4.1.1 部分分数展開による合成

前章での議論から駆動点インピーダンスは式 (3.96) または式 (3.97) の形で表せることがわかった．駆動点インピーダンスの極に着目し，部分分数展開すると，これらの式を

$$\begin{aligned}
Z_{LC}(s) &= Z_0 \frac{s(s^2+\omega_2^2)(s^2+\omega_4^2)\cdots(s^2+\omega_{2n}^2)}{(s^2+\omega_1^2)(s^2+\omega_3^2)\cdots(s^2+\omega_{2m-1}^2)} \\
&= \sum_{i=1}^{m} \frac{\alpha_{2i-1}/2}{s-j\omega_{2i-1}} + \sum_{i=1}^{m} \frac{\alpha_{2i-1}/2}{s+j\omega_{2i-1}} + \alpha_\infty s \\
&= \sum_{i=1}^{m} \frac{\alpha_{2i-1}s}{s^2+\omega_{2i-1}^2} + \alpha_\infty s
\end{aligned} \quad (4.1)$$

4.1 LC2端子回路の合成

または

$$Z_{LC}(s) = Z_0 \frac{(s^2+\omega_1^2)(s^2+\omega_3^2)\cdots(s^2+\omega_{2m-1}^2)}{s(s^2+\omega_2^2)(s^2+\omega_4^2)\cdots(s^2+\omega_{2n}^2)}$$

$$= \frac{\alpha_0}{s} + \sum_{i=1}^{n} \frac{\alpha_{2i}/2}{s-j\omega_{2i}} + \sum_{i=1}^{n} \frac{\alpha_{2i}/2}{s+j\omega_{2i}} + \alpha_\infty s$$

$$= \frac{\alpha_0}{s} + \sum_{i=1}^{n} \frac{\alpha_{2i}s}{s^2+\omega_{2i}^2} + \alpha_\infty s \tag{4.2}$$

と表すことができる.ただし,式 (4.1)では $m = n+1$ のとき $\alpha_\infty = 0$ であり,式 (4.2)では $m = n$ のとき $\alpha_\infty = 0$ である.式 (4.2)は式 (4.1)を含むので,一般の LC2 端子回路の駆動点インピーダンスは式 (4.2)によって表すことができる.

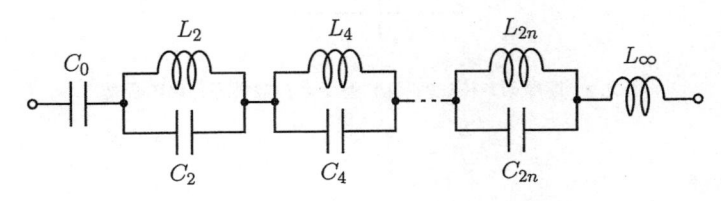

図 4.1 駆動点インピーダンスに基づく LC2 端子回路の合成

式 (4.2)において,α_0/s は容量のインピーダンスを,$\alpha_{2i}/(s^2+\omega_{2i}^2)$ は LC 並列回路のインピーダンスを,$\alpha_\infty s$ はインダクタのインピーダンスを表している.また,式 (4.2)は各インピーダンスの和で構成されているので,各項に相当する素子あるいは回路を直列接続すれば,式 (4.2)と等しい駆動点インピーダンスを持つ LC2 端子回路を合成できる.合成した結果を図 4.1 に示す.ただし,図 4.1 において,各素子値は

$$C_{2i} = \frac{1}{\alpha_{2i}} \quad (i = 0 \sim n) \tag{4.3}$$

$$L_{2i} = \frac{\alpha_{2i}}{\omega_{2i}^2} \quad (i = 1 \sim n) \tag{4.4}$$

$$L_\infty = \alpha_\infty \tag{4.5}$$

である.

駆動点インピーダンスと同様に,LC2 端子回路の駆動点アドミタンス $Y_{LC}(s)$

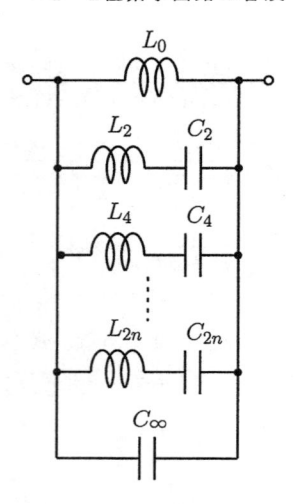

図 4.2 駆動点アドミタンスに基づく LC2 端子回路の合成

の一般形を

$$Y_{LC}(s) = \frac{\beta_0}{s} + \sum_{i=1}^{n} \frac{\beta_{2i}s}{s^2 + \omega_{2i}^2} + \beta_\infty s \tag{4.6}$$

と表すことができる．この式の各項はインダクタや LC 直列回路，容量のインピーダンスを表しているので，式 (4.6) と等しい駆動点アドミタンスを持つ LC2 端子回路は，図 4.2 に示すように合成することができる．ただし，図 4.2 において，各素子値は

$$L_{2i} = \frac{1}{\beta_{2i}} \quad (i = 0 \sim n) \tag{4.7}$$

$$C_{2i} = \frac{\beta_{2i}}{\omega_{2i}^2} \quad (i = 1 \sim n) \tag{4.8}$$

$$C_\infty = \beta_\infty \tag{4.9}$$

である．

【**例題 4.1**】 駆動点インピーダンス $Z_{LC}(s)$ が $Z_{LC}(s) = \{s(s^2+2)(s^2+4)\}/\{(s^2+1)(s^2+3)\}$ である LC2 端子回路を合成してみる．$Z_{LC}(s)$ を

部分分数展開すると
$$Z_{LC}(s) = s + \frac{\frac{3}{2}s}{s^2+1} + \frac{\frac{1}{2}s}{s^2+3} \tag{4.10}$$
となるので，LC2端子回路は図4.3(a)となる．また，$Y_{LC}(s) = 1/Z_{LC}(s)$を部分分数展開すれば
$$Y_{LC}(s) = \frac{\frac{3}{8}}{s} + \frac{\frac{1}{4}s}{s^2+2} + \frac{\frac{3}{8}s}{s^2+4} \tag{4.11}$$
となるので，この場合，LC2端子回路は図4.3(b)となる．

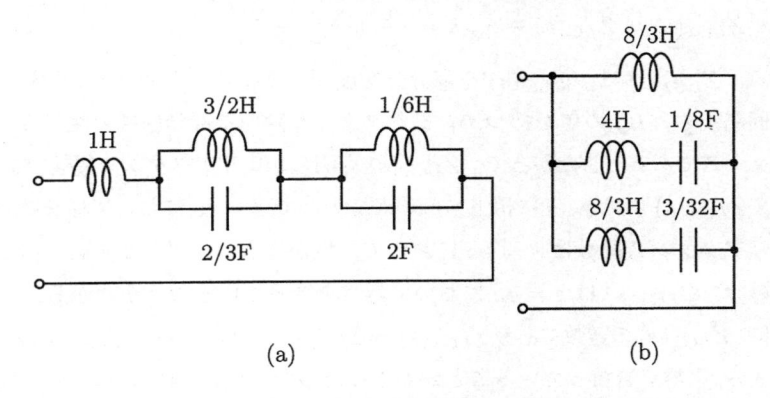

図 **4.3** LC2端子回路の合成例(1)

[問 4.1] 駆動点インピーダンス$Z_{LC}(s)$が$Z_{LC}(s) = \{(s^2+1)(s^2+3)\}/\{s(s^2+2)(s^2+4)\}$であるLC2端子回路を部分数展開を用いて合成せよ．

4.1.2 連分数展開による合成

式(4.2)はLC2端子回路の駆動点インピーダンスの一般形を表しており，係数α_0とα_{2i}, α_∞のいずれか少なくとも一つは正であり，他は零以上でなければならない．この場合，式(4.2)に$s = 0$を代入すると，$\alpha_0 \neq 0$であれば式(4.2)は無限大となり，$\alpha_0 = 0$であれば零となる．また，$s = \infty$を代入した場合，$\alpha_\infty \neq 0$であれば式(4.2)は無限大となり，$\alpha_\infty = 0$であれば零となる．したがって，リアクタンス関数を表す式(4.2)は$s = 0$に極または零点のいずれか

を持ち，同様に，$s=\infty$ に極または零点のいずれかを持つ．ここでは，$s=0$ または $s=\infty$ におけるリアクタンス関数の極や零点に着目した LC2 端子回路の合成方法について説明する．

(1) リアクタンス関数が $s=\infty$ に極を持つ場合

リアクタンス関数が $s=\infty$ に極を持つ場合，すなわち，式 (4.2) において，$\alpha_\infty \neq 0$ の場合について考える．式 (4.2) で与えられる $Z_{LC}(s)$ から $\alpha_\infty s$ を取り除いたインピーダンスを $Z_{LC1}(s)$ とする．すなわち，$Z_{LC1}(s)$ は

$$Z_{LC1}(s) = Z_{LC}(s) - \alpha_\infty s = \frac{\alpha_0}{s} + \sum_{i=1}^{n} \frac{\alpha_{2i} s}{s^2 + \omega_{2i}^2} \tag{4.12}$$

である．$Z_{LC1}(s)$ は，$Z_{LC}(s)$ を部分分数展開して得られた図 4.1 に示す LC2 端子回路から，L_∞ の値を持つインダクタを取り除いた部分回路の駆動点インピーダンスである．したがって，$Z_{LC1}(s)$ も明らかにリアクタンス関数である．また，$Z_{LC1}(s)$ には $\alpha_\infty s$ に相当する項がないので $s=\infty$ において極を持たない．リアクタンス関数は $s=\infty$ において，極か零点のいずれかを必ず持っているので，$Z_{LC1}(s)$ は $s=\infty$ において零点を持っていることがわかる．

次に，$Z_{LC1}(s)$ の逆数である $Y_{LC1}(s) = 1/Z_{LC1}(s)$ について考える．$Z_{LC1}(s)$ は $s=\infty$ に零点を持っていることがわかったので，$Y_{LC1}(s)$ は $s=\infty$ に極を持つリアクタンス関数である．したがって，$Y_{LC1}(s)$ は，式 (4.6) から

$$Y_{LC1}(s) = \sum_{i=1}^{n} \frac{\beta_{2i,1} s}{s^2 + \omega_{2i,1}^2} + \beta_{\infty,1} s \tag{4.13}$$

という式で表されなければならない．ただし，$\pm j\omega_{2i,1}$ は $Y_{LC1}(s)$ の極であり，$\beta_{2i,1}(i=1\sim n)$ と $\beta_{\infty,1}$ は定数である．また，$\beta_{\infty,1}$ は $\beta_{\infty,1} \neq 0$ である．$Z_{LC1}(s)$ と全く同じ議論から，$Y_{LC1}(s)$ から $\beta_{\infty,1} s$ を取り除いたアドミタンス $Y_{LC2}(s)$ はリアクタンス関数であり，$s=\infty$ に零点を持っている．

以上の操作を繰り返し行うと，$Z_{LC}(s)$ を

$$Z_{LC}(s) = \alpha_\infty s + \cfrac{1}{\beta_{\infty,1} s + \cfrac{1}{\alpha_{\infty,2} s + \cfrac{1}{\beta_{\infty,2} s + \cdots}}} \tag{4.14}$$

と表せることがわかる．ただし，$\alpha_{\infty,i}$ や $\beta_{\infty,i}(i=2\sim n+1)$ は定数である．式 (4.14) を**連分数展開**と呼ぶ．式 (4.14) の各定数は，その導出過程から，それ

ぞれがインダクタや容量の素子値を表していることは明らかである．式 (4.14) に基づき，LC2 端子回路を合成した結果を図 4.4 に示す．ただし，図 4.4 において，各素子値は

$$L_\infty = \alpha_\infty \tag{4.15}$$

$$C_i = \beta_{\infty,i} \quad (i = 1 \sim n+1) \tag{4.16}$$

$$L_i = \alpha_{\infty,i} \quad (i = 2 \sim n+1) \tag{4.17}$$

である．

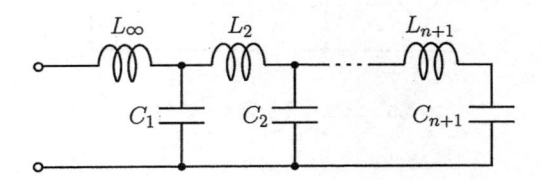

図 4.4 連分数展開に基づく LC2 端子回路の合成 (1)

なお，ここではリアクタンス関数として，LC2 端子回路の駆動点インピーダンスを用いて説明したが，駆動点アドミタンスが $s = \infty$ に極を持つ場合も全く同様である．

【例題 4.2】 駆動点インピーダンス $Z_{LC}(s)$ が $Z_{LC}(s) = \{s(s^2+2)(s^2+4)\}/\{(s^2+1)(s^2+3)\}$ である LC2 端子回路を連分数展開を用いて合成してみる．$Z_{LC}(s)$ を連分数展開すると

$$\begin{aligned}
Z_{LC}(s) &= \frac{s(s^2+2)(s^2+4)}{(s^2+1)(s^2+3)} = \frac{s^5+6s^3+8s}{s^4+4s^2+3} \\
&= s + \cfrac{1}{\cfrac{s^4+4s^2+3}{2s^3+5s}} = s + \cfrac{1}{\cfrac{1}{2}s + \cfrac{1}{\cfrac{2s^3+5s}{\cfrac{3}{2}s^2+3}}}
\end{aligned}$$

$$= s + \cfrac{1}{\cfrac{1}{2}s + \cfrac{1}{\cfrac{4}{3}s + \cfrac{1}{\cfrac{3}{2}s + \cfrac{3}{s}}}}} \tag{4.18}$$

となるので，LC2 端子回路は図 4.5 となる．

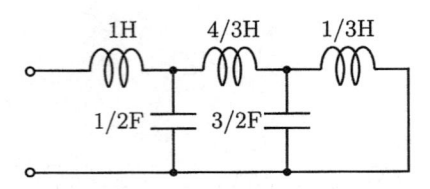

図 **4.5**　LC2 端子回路の合成例 (2)

[問 4.2]　駆動点アドミタンス $Y_{LC}(s)$ が $Y_{LC}(s) = \{s(s^2+2)(s^2+4)\}/\{(s^2+1)(s^2+3)\}$ である LC2 端子回路を連分数展開を用いて合成せよ．

(2)　リアクタンス関数が $s = 0$ に極を持つ場合

リアクタンス関数が $s = 0$ に極を持つ場合，式 (4.2) で与えられる $Z_{LC}(s)$ から α_0/s を取り除いたインピーダンス $\hat{Z}_{LC1}(s)$ は

$$\hat{Z}_{LC1}(s) = Z_{LC}(s) - \frac{\alpha_0}{s} = \sum_{i=1}^{n} \frac{\alpha_{2i}s}{s^2 + \omega_{2i}^2} + \alpha_\infty s \tag{4.19}$$

である．$\hat{Z}_{LC1}(s)$ は，$Z_{LC}(s)$ を部分分数展開して得られた図 4.1 に示す LC2 端子回路から，C_0 の値を持つ容量を取り除いた部分回路の駆動点インピーダンスである．したがって，$\hat{Z}_{LC1}(s)$ も明らかにリアクタンス関数である．また，$\hat{Z}_{LC1}(s)$ は $s = 0$ において零点を持っている．次に，$\hat{Z}_{LC1}(s)$ の逆数である $\hat{Y}_{LC1}(s) = 1/\hat{Z}_{LC1}(s)$ は $s = 0$ に極を持つリアクタンス関数であり，

$$\hat{Y}_{LC1}(s) = \frac{\hat{\beta}_{0,1}}{s} + \sum_{i=1}^{n} \frac{\hat{\beta}_{2i,1}s}{s^2 + \hat{\omega}_{2i,1}^2} \tag{4.20}$$

と表すことができる．ただし，$\hat{\beta}_{0,1} \neq 0$ である．以上の操作を繰り返し行うと，

4.1 LC2端子回路の合成

$Z_{LC}(s)$ を

$$Z_{LC}(s) = \frac{\alpha_0}{s} + \cfrac{1}{\cfrac{\hat{\beta}_{0,1}}{s} + \cfrac{1}{\cfrac{\hat{\alpha}_{0,2}}{s} + \cfrac{1}{\cfrac{\hat{\beta}_{0,2}}{s} + \cdots}}} \tag{4.21}$$

と表せることがわかる．ただし，$\hat{\alpha}_{0,i}$ や $\hat{\beta}_{0,i} (i = 2 \sim n+1)$ は定数であり，それぞれがインダクタや容量の素子値を表している．式 (4.14) に基づき，LC2端子回路を合成した結果を図 4.6 に示す．ただし，図 4.6 において，各素子値は

$$\hat{C}_0 = \frac{1}{\alpha_0} \tag{4.22}$$

$$\hat{L}_i = \frac{1}{\hat{\beta}_{0,i}} \quad (i = 1 \sim n+1) \tag{4.23}$$

$$\hat{C}_i = \frac{1}{\hat{\alpha}_{0,i}} \quad (i = 2 \sim n+1) \tag{4.24}$$

である．

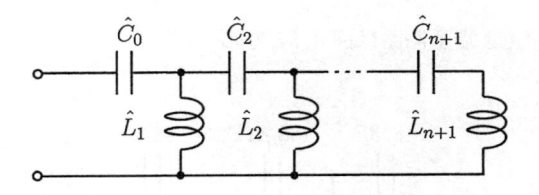

図 4.6 連分数展開に基づく LC2 端子回路の合成 (2)

$s = \infty$ に極を持つ場合と同様に，ここではリアクタンス関数として，LC2 端子回路の駆動点インピーダンスを用いて説明したが，駆動点アドミタンスが $s = 0$ に極を持つ場合も全く同様である．

【例題 4.3】 駆動点インピーダンス $Z_{LC}(s)$ が $Z_{LC}(s) = \{(s^2+1)(s^2+3)\}/\{s(s^2+2)(s^2+4)\}$ である LC2 端子回路を連分数展開を用いて合成してみる．$Z_{LC}(s)$ を連分数展開すると

$$Z_{LC}(s) = \frac{(s^2+1)(s^2+3)}{s(s^2+2)(s^2+4)} = \frac{s^4+4s^2+3}{s^5+6s^3+8s}$$

$$
\begin{aligned}
&= \frac{3}{8s} + \cfrac{1}{\cfrac{s^4+6s^2+8}{\cfrac{5}{8}s^3+\cfrac{7}{4}s}} = \frac{3}{8s} + \cfrac{1}{\cfrac{32}{7s} + \cfrac{1}{\cfrac{s^3+\cfrac{22}{7}s}{\cfrac{5}{8}s^2+\cfrac{7}{4}}}}\\
&= \frac{3}{8s} + \cfrac{1}{\cfrac{32}{7s} + \cfrac{1}{\cfrac{49}{88s} + \cfrac{1}{\cfrac{\cfrac{3}{44}s}{s^2+\cfrac{22}{7}}}}}\\
&= \frac{3}{8s} + \cfrac{1}{\cfrac{32}{7s} + \cfrac{1}{\cfrac{49}{88s} + \cfrac{1}{\cfrac{968}{21s}+\cfrac{44}{3}s}}} \quad (4.25)
\end{aligned}
$$

となるので，LC2 端子回路は図 4.7 となる．

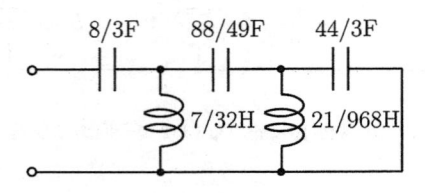

図 4.7 LC2 端子回路の合成例 (3)

（8/3F，88/49F，44/3F，7/32H，21/968H）

[問 4.3] 駆動点アドミタンス $Y_{LC}(s)$ が $Y_{LC}(s) = \{(s^2+1)(s^2+3)\}/\{s(s^2+2)(s^2+4)\}$ である LC2 端子回路を連分数展開を用いて合成せよ．

4.2 RC2端子回路およびLR2端子回路の合成

本節では，RC2端子回路やLR2端子回路と，LC2端子回路との関係について説明し，RC2端子回路およびLR2端子回路の合成方法を示す．

4.2.1 RC2端子回路の性質

LC2端子回路と同様に，RC2端子回路の駆動点インピーダンス $Z_{RC}(s)$ もエネルギー関数を用いて

$$Z_{RC}(s) = \frac{1}{|I_1(s)|^2}(F + \frac{U}{s}) \tag{4.26}$$

と表すことができる．この式から，$Z_{RC}(s)$ の零点 z_{rc-imp} を求めると，z_{rc-imp} は

$$z_{rc-imp} = -\frac{U}{F} < 0 \tag{4.27}$$

となる[†]．したがって，$Z_{RC}(s)$ の零点は負の実数であることがわかる．

また，RC2端子回路の駆動点アドミタンス $Y_{RC}(s)$ もエネルギー関数を用いると

$$Y_{RC}(s) = \frac{1}{|V_1(s)|^2}(F^* + sU^*) \tag{4.28}$$

と表すことができる．この式から，$Z_{RC}(s)$ の零点 z_{rc-adm} を求めると，z_{rc-adm} は

$$z_{rc-adm} = -\frac{F^*}{U^*} \leq 0 \tag{4.29}$$

となる[††]．したがって，$Y_{RC}(s)$ の零点，すなわち，$Z_{RC}(s)$ の極は，零以下の実数であることがわかる．

次に，LC2端子回路と同様に，$Z_{RC}(s)$ の極と零点の複素平面上での位置関係を知るために，$Z_{RC}(\sigma)$ の傾きについて調べてみる．ただし，σ は s の実部

[†] 直流，すなわち $s = 0$ において，容量は開放であり，抵抗だけが残り，$Z_{RC}(0) \neq 0$ となる．したがって，z_{rc-imp} は零とはならない．

[††] 直流，すなわち $s = 0$ において，容量は開放となるので，抵抗に電流が流れないことがある．この場合，$V_{Ri}(s) = R_i I_{Ri}(s)$ であるから，$V_{Ri}(s) = 0$ となり，F^* も零となることがある．したがって，z_{rc-adm} は零となることがある．

である．$|I_1|^2 = 1$ と規格化すると，$Z_{RC}(s)$ は
$$Z_{RC}(s) = F + \frac{U}{s} \tag{4.30}$$
となる．これに $s = \sigma + j\omega$ を代入すると
$$Z_{RC}(\sigma + j\omega) = F + \frac{U}{\sigma + j\omega} = F + \frac{\sigma U}{\sigma^2 + \omega^2} - j\frac{\omega U}{\sigma^2 + \omega^2} \tag{4.31}$$
を得る．したがって，$Z_{RC}(\sigma + j\omega)$ の実部 $R_{RC}(\sigma, \omega)$ が
$$R_{RC}(\sigma, \omega) = F + \frac{\sigma U}{\sigma^2 + \omega^2} \tag{4.32}$$
であり，虚部 $X_{RC}(\sigma, \omega)$ が
$$X_{RC}(\sigma, \omega) = -\frac{\omega U}{\sigma^2 + \omega^2} \tag{4.33}$$
であることがわかる．まず，$X_{RC}(\sigma, \omega)$ を ω に関して偏微分すると
$$\frac{\partial X_{RC}(\sigma, \omega)}{\partial \omega} = \frac{(\omega^2 - \sigma^2)U}{(\sigma^2 + \omega^2)^2} - \frac{\omega}{\sigma^2 + \omega^2}\frac{\partial U}{\partial \omega} \tag{4.34}$$
となる．$\omega \to 0$ とすると
$$\lim_{\omega \to 0} \frac{\partial X_{RC}(\sigma, \omega)}{\partial \omega} = -\frac{U}{\sigma^2} < 0 \tag{4.35}$$
となることがわかる．ここで，コーシー・リーマンの関係式を用いると
$$\frac{\partial Z_{RC}(\sigma)}{\partial \sigma} = \lim_{\omega \to 0}\frac{\partial R_{RC}(\sigma, \omega)}{\partial \sigma} = \lim_{\omega \to 0}\frac{\partial X_{RC}(\sigma, \omega)}{\partial \omega} < 0 \tag{4.36}$$
となり，$Z_{RC}(\sigma)$ の傾きは常に負である．このことから，$Z_{RC}(s)$ の極と零点は，複素平面の実軸上に交互に並ばなければならないことがわかる．

以上のことから，$Z_{RC}(s)$ は
$$Z_{RC}(s) = Z_0 \frac{(s + \sigma_2)(s + \sigma_4)\cdots(s + \sigma_{2n})}{(s + \sigma_1)(s + \sigma_3)\cdots(s + \sigma_{2m-1})} \tag{4.37}$$
と表される．ただし，m は n または $n+1$ であり，σ_i は
$$0 \leq \sigma_1 < \sigma_2 < \sigma_3 < \sigma_4 < \cdots \tag{4.38}$$
である．また，$Z_{RC}(\sigma)$ の一例を図示すると，図 4.8 となる．

4.2.2 LR2端子回路の性質

LR2端子回路についても，RC2端子回路と同様の議論が成り立つ．すなわち，LR2端子回路の駆動点インピーダンスを $Z_{LR}(s)$ とすれば，エネルギー関数を用いて，$Z_{LR}(s)$ は
$$Z_{LR}(s) = \frac{1}{|I_1(s)|^2}(F + sT) \tag{4.39}$$

4.2 RC2端子回路およびLR2端子回路の合成

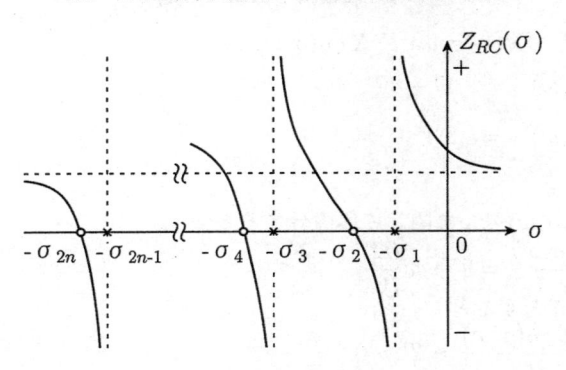

図 **4.8** RC2端子回路の特性

と表わされる．この式から，$Z_{LR}(s)$ の零点 z_{lr-imp} を求めると，z_{lr-imp} は

$$z_{lr-imp} = -\frac{F}{T} \leq 0 \tag{4.40}$$

となる†．したがって，$Z_{LR}(s)$ の零点は，零以下の実数であることがわかる．

また，LR2端子回路の駆動点アドミタンス $Y_{LR}(s)$ はエネルギー関数を用いると

$$Y_{LR}(s) = \frac{1}{|V_1(s)|^2}(F^* + \frac{T^*}{s}) \tag{4.41}$$

となり，この式から，$Z_{LR}(s)$ の零点 z_{lr-adm} を求めると，z_{lr-adm} は

$$z_{lr-adm} = -\frac{T^*}{F^*} < 0 \tag{4.42}$$

となる††．したがって，$Y_{LR}(s)$ の零点，すなわち，$Z_{LR}(s)$ の極は，負の実数であることがわかる．

次に，$|I_1|^2 = 1$ と規格化して，$Z_{LR}(\sigma)$ の傾きを求める．$Z_{LR}(s)$ は

$$Z_{LR}(s) = F + sT \tag{4.43}$$

となるので，これに $s = \sigma + j\omega$ を代入すると

$$Z_{LR}(\sigma + j\omega) = R_{LR}(\sigma,\omega) + jX_{LR}(\sigma,\omega) \tag{4.44}$$

---

† 直流，すなわち $s = 0$ において，インダクタは短絡となるので，抵抗に電流が流れないことがある．この場合，F も零となることがあり，したがって，z_{lr-imp} は零となることがある．

†† 直流，すなわち $s = 0$ において，インダクタは短絡であり，抵抗だけが残り，$Y_{LR}(0) \neq 0$ となる．したがって，z_{lr-adm} は零とはならない．

を得る．ただし，$R_{LR}(\sigma,\omega)$ と $X_{LR}(\sigma,\omega)$ は

$$R_{LR}(\sigma,\omega) = F + \sigma T \tag{4.45}$$

$$X_{LR}(\sigma,\omega) = \omega T \tag{4.46}$$

である．

まず，$X_{LR}(\sigma,\omega)$ を ω に関して偏微分すると

$$\frac{\partial X_{LR}(\sigma,\omega)}{\partial \omega} = T + \omega \frac{\partial T}{\partial \omega} \tag{4.47}$$

となり，$\omega \to 0$ とすると

$$\lim_{\omega \to 0} \frac{\partial X_{LR}(\sigma,\omega)}{\partial \omega} = T > 0 \tag{4.48}$$

を得る．さらに，コーシー・リーマンの関係式から，$Z_{LR}(\sigma)$ の傾きは

$$\frac{\partial Z_{LR}(\sigma)}{\partial \sigma} = \lim_{\omega \to 0} \frac{\partial R_{LR}(\sigma,\omega)}{\partial \sigma} = \lim_{\omega \to 0} \frac{\partial X_{LR}(\sigma,\omega)}{\partial \omega} > 0 \tag{4.49}$$

となり，常に正であることがわかる．このことから，$Z_{LR}(s)$ の極と零点は，複素平面の実軸上に交互に並ばなければならない．

以上のことから，$Z_{LR}(s)$ は

$$Z_{LR}(s) = Z_0 \frac{(s+\sigma_1)(s+\sigma_3)\cdots(s+\sigma_{2m-1})}{(s+\sigma_2)(s+\sigma_4)\cdots(s+\sigma_{2n})} \tag{4.50}$$

と表される．ただし，m は n または $n+1$ であり，σ_i は

$$0 \leq \sigma_1 < \sigma_2 < \sigma_3 < \sigma_4 < \cdots \tag{4.51}$$

である．また，$Z_{LR}(\sigma)$ の一例を図示すると，図4.9となる．

$Z_{LR}(s)$ と $Z_{RC}(s)$ の性質を比較すれば，$Z_{LR}(s)$ の性質は $Y_{RC}(s)$ の性質と一致し，逆に $Z_{RC}(s)$ の性質は $Y_{LR}(s)$ の性質と一致することがわかる．

4.2.3　RC2端子回路およびLR2端子回路の合成

ここでは，LC2端子回路と，RC2端子回路およびLR2端子回路との対応関係を明らかにし，RC2端子回路およびLR2端子回路の合成方法について述べる．

同一構造の回路 N と $\hat{\mathrm{N}}$ において，互いに対応する k 番目の素子のラプラス変換後の電圧と電流をそれぞれ V_k，$\hat{V}_k$ および I_k，$\hat{I}_k$ とする．テレゲンの定理から，V_k，$\hat{V}_k$，I_k，$\hat{I}_k$ に関して

$$\sum_{k=1}^{b} V_k \hat{I}_k = 0 \tag{4.52}$$

4.2 RC2端子回路およびLR2端子回路の合成

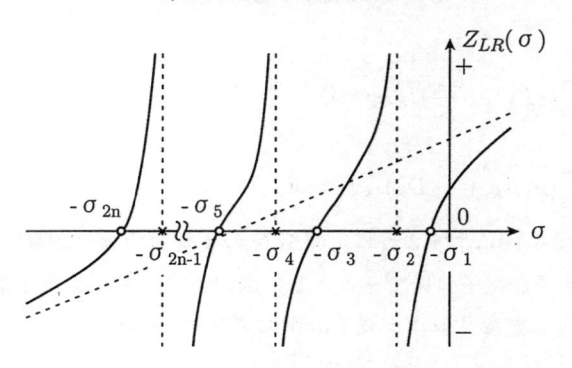

図 4.9 LR2端子回路の特性

$$\sum_{k=1}^{b} \hat{V}_k I_k = 0 \tag{4.53}$$

が成り立つ．ただし，b は電源を含む回路を構成する素子の数である．ここで，回路 N をリアクタンス回路とすると，k 番目の素子のインピーダンス Z_k は一般性を失うことなく

$$Z_k = sL_k + \frac{D_k}{s} \tag{4.54}$$

と表すことができる．一方，回路 $\hat{N}$ の k 番目の素子のインピーダンス $\hat{Z}_k$ を

$$\hat{Z}_k = x_1 L_k + x_2 D_k \tag{4.55}$$

とする．ただし，x_1 および x_2 は適当な s の関数である．

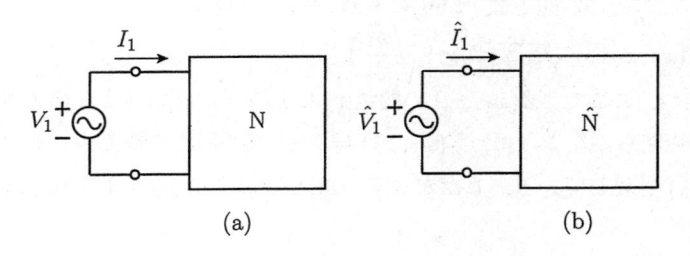

図 4.10 LC2端子回路と他の2種回路との関係

ここで，式 (4.54) と式 (4.55) をそれぞれ式 (4.52) および式 (4.53) に代入す

ると

$$\sum_{k=1}^{b}(sL_k + \frac{D_k}{s})I_k\hat{I}_k = 0 \qquad (4.56)$$

$$\sum_{k=1}^{b}(x_1L_k + x_2D_k)\hat{I}_kI_k = 0 \qquad (4.57)$$

が得られる．図 4.10 に示すように，回路 N の 1 番目の素子が電圧源 V_1，回路 N̂ の 1 番目の素子が電圧源 $\hat{V}_1$ であるとし，電流 I_1 と $\hat{I}_1$ の正方向を他の素子の電流の正方向と逆に定義すれば，式 (4.56) および式 (4.57) を

$$Z_{LC}(s)I_1\hat{I}_1 = \sum_{k=2}^{b}(sL_k + \frac{D_k}{s})I_k\hat{I}_k \qquad (4.58)$$

$$Z(x_1, x_2)\hat{I}_1I_1 = \sum_{k=2}^{b}(x_1L_k + x_2D_k)\hat{I}_kI_k \qquad (4.59)$$

と書き換えることができる．ただし，$Z_{LC}(s)$ は回路 N の端子対 1-1' から右側を見込んだ場合の駆動点インピーダンスであり，$Z(x_1,x_2)$ は回路 N̂ の端子対 1-1' から右側を見込んだ場合の駆動点インピーダンスである．

式 (4.58) および式 (4.59) を用いて，まず初めに，LC2 端子回路と LR2 端子回路の関係を明らかにする．回路 N̂ の s の関数 x_1 と x_2 を，$\sqrt{x_1/x_2} = s$ となるように選び，式 (4.58) の両辺に $\sqrt{x_1x_2}$ を掛けると

$$\sqrt{x_1x_2}Z_{LC}\left(\sqrt{\frac{x_1}{x_2}}\right)I_1\hat{I}_1 = \sum_{k=2}^{b}(x_1L_k + x_2D_k)I_k\hat{I}_k \qquad (4.60)$$

を得る．この式の右辺と式 (4.59) の右辺は等しいので

$$Z(x_1, x_2) = \sqrt{x_1x_2}Z_{LC}\left(\sqrt{\frac{x_1}{x_2}}\right) \qquad (4.61)$$

が成り立つ．ここで，$Z(x_1,x_2)$ の関数 x_1 と x_2 をそれぞれ s と 1 とすれば，式 (4.55) から明らかなように，$Z(x_1,x_2)$ は LR2 端子回路の駆動点インピーダンス $Z_{LR}(s)$ を表している．したがって，$x_1 = s$ および $x_2 = 1$ を式 (4.61) に代入すると

$$Z(x_1, x_2)|_{x_1=s, x_2=1} = Z_{LR}(s) = \sqrt{s}Z_{LC}(\sqrt{s}) \qquad (4.62)$$

という関係式を得る．この式は，LC2 端子回路の駆動点インピーダンスにおいて，変数 s を $\sqrt{s}$ に置き換え，さらにすべての素子のインピーダンスに $\sqrt{s}$ を掛

4.2 RC2端子回路およびLR2端子回路の合成

ければ，LR2端子回路の駆動点インピーダンスになることを表している．

さらに，sをs^2に置き換えると

$$\frac{1}{s}Z(x_1,x_2)|_{x_1=s^2,x_2=1} = \frac{1}{s}Z_{LR}(s^2) = Z_{LC}(s) \tag{4.63}$$

となり，この式はLR2端子回路のインピーダンスの変数sをs^2で置き換え，すべての素子のインピーダンスをsで割ると，LC2端子回路の駆動点インピーダンスになることを表している．

これらのことから，LR2端子回路の駆動点インピーダンスが与えられた場合，変数sをs^2で置き換え，すべての素子のインピーダンスをsで割り，LC2端子回路の駆動点インピーダンスに変換し，このインピーダンスに基づき，適当な方法を用いてLC2端子回路を合成する．さらに，合成されたLC2端子回路の各素子のインピーダンスに含まれるsを$\sqrt{s}$に置き換え，最後にすべての素子のインピーダンスに$\sqrt{s}$を掛ければ，LR2端子回路を合成することができる．

【例題4.4】 駆動点インピーダンス$Z_{LR}(s)$が$Z_{LR}(s) = (s^3 + 6s^2 + 8s)/(s^2 + 4s + 3)$であるLR2端子回路を合成してみる．上で述べた変換方法を用いて，$Z_{LR}(s)$をLC2端子回路の駆動点インピーダンス$Z_{LC}(s)$に変換すると，$Z_{LC}(s)$は

$$Z_{LC}(s) = \frac{1}{s}Z_{LR}(s^2) = \frac{s^5 + 6s^3 + 8s}{s^4 + 4s^2 + 3} \tag{4.64}$$

となる．例えば，連分数展開を用いて，このインピーダンスからLC2端子回路を合成すると，$Z_{LC}(s)$が

$$Z_{LC}(s) = \frac{s^5 + 6s^3 + 8s}{s^4 + 4s^2 + 3} = s + \cfrac{1}{\cfrac{1}{2}s + \cfrac{1}{\cfrac{4}{3}s + \cfrac{1}{\cfrac{3}{2}s + \cfrac{3}{s}}}} \tag{4.65}$$

となるので，図4.11(a)を得る．図4.11(a)のインダクタおよび容量のインピーダンスに含まれるsを$\sqrt{s}$に置き換え，さらにすべての素子のインピーダンスを$\sqrt{s}$倍すると，図4.11(b)が得られる．

確認のため，図4.11(b)のLR2端子回路の駆動点インピーダンス$Z_{LR}(s)$

を求めると

$$Z_{LR}(s) = s + \cfrac{1}{\cfrac{1}{2} + \cfrac{1}{\cfrac{4}{3}s + \cfrac{1}{\cfrac{3}{2} + \cfrac{3}{s}}}} = \frac{s^3 + 6s^2 + 8s}{s^2 + 4s + 3} \qquad (4.66)$$

となり，所望の駆動点インピーダンスが実現されていることがわかる．

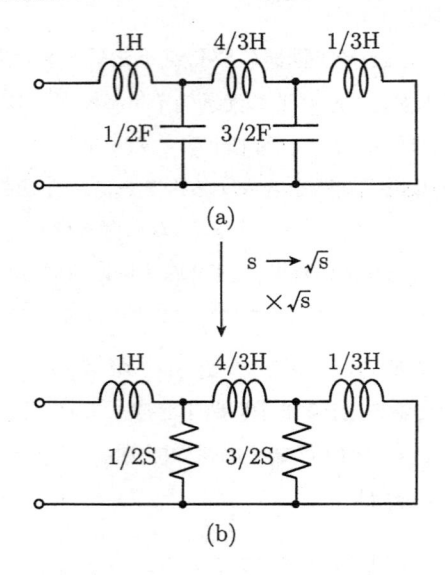

図 4.11 LR2 端子回路の合成

LR2 端子回路の場合と同様に，式 (4.58) および式 (4.59) を用いて，LC2 端子回路と RC2 端子回路の関係を明らかにする．

$Z(x_1, x_2)$ において，s の関数 x_1 と x_2 をそれぞれ 1 と $1/s$ とすれば，$Z(x_1, x_2)$ は RC2 端子回路の駆動点インピーダンス $Z_{RC}(s)$ となる．したがって，$x_1 = 1$ および $x_2 = 1/s$ を式 (4.61) に代入すると

$$Z(x_1, x_2)|_{x_1=1, x_2=1/s} = Z_{RC}(s) = \frac{1}{\sqrt{s}} Z_{LC}(\sqrt{s}) \qquad (4.67)$$

を得る．この式は，LC2 端子回路の駆動点インピーダンスにおいて，変数 s

4.2 RC2端子回路およびLR2端子回路の合成

を $\sqrt{s}$ に置き換え，さらにすべての素子のインピーダンスに $1/\sqrt{s}$ を掛ければ，RC2端子回路の駆動点インピーダンスになることを表している．

さらに，s を s^2 に置き換えると

$$s\,Z(x_1,x_2)|_{x_1=1,x_2=1/s^2} = sZ_{RC}(s^2) = Z_{LC}(s) \tag{4.68}$$

となり，この式はRC2端子回路の駆動点インピーダンスの変数 s を $1/s^2$ で置き換え，すべての素子のインピーダンスに s を掛けると，LC2端子回路の駆動点インピーダンスになることを表している．

【例題 4.5】 駆動点インピーダンス $Z_{RC}(s)$ が $Z_{RC}(s) = (s^2 + 4s + 3)/(s^3 + 6s^2 + 8s)$ であるRC2端子回路を合成してみる．上で述べた変換方法を用いて，$Z_{RC}(s)$ をLC2端子回路の駆動点インピーダンス $Z_{LC}(s)$ に変換すると，$Z_{LC}(s)$ は

$$Z_{LC}(s) = sZ_{RC}(s^2) = \frac{s^4 + 4s^2 + 3}{s^5 + 6s^3 + 8s} \tag{4.69}$$

となる．例えば，連分数展開を用いて，このインピーダンスからLC2端子回路を合成すると，$Z_{LC}(s)$ が

$$\begin{aligned}
Z_{LC}(s) &= \frac{s^4 + 4s^2 + 3}{s^5 + 6s^3 + 8s} \\
&= \frac{3}{8s} + \cfrac{1}{\cfrac{32}{7s} + \cfrac{1}{\cfrac{44}{88s} + \cfrac{1}{\cfrac{968}{21s} + \cfrac{44s}{3}}}}
\end{aligned} \tag{4.70}$$

となるので，図4.12(a)を得る．図4.12(a)のインダクタおよび容量のインピーダンスの s を $\sqrt{s}$ に置き換え，さらにすべての素子のインピーダンスを $1/\sqrt{s}$ 倍すると，図4.12(b)が得られる．

確認のため，図4.12(b)のRC2端子回路の駆動点インピーダンス $Z_{RC}(s)$

を求めると

$$Z_{RC}(s) = \frac{3}{8s} + \cfrac{1}{\cfrac{32}{7} + \cfrac{1}{\cfrac{44}{88s} + \cfrac{1}{\cfrac{968}{21} + \cfrac{44s}{3}}}}$$

$$= \frac{s^2 + 4s + 3}{s^3 + 6s^2 + 8s} \tag{4.71}$$

となり，所望のインピーダンスが実現されていることがわかる．

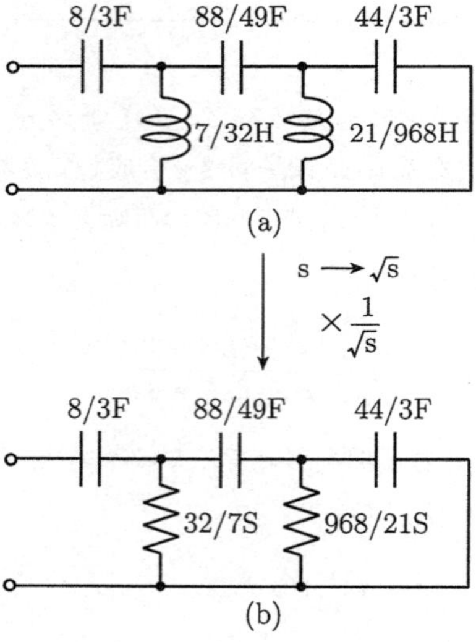

図 4.12 RC2 端子回路の合成

[問 4.4]　RC2 端子回路の駆動点インピーダンス $Z_{RC}(s)$ に s を掛けると，LR2 端子回路の駆動点インピーダンス $Z_{LR}(s)$ となることを示せ．

演　習　問　題

(1) 次の関数がリアクタンス関数であるか，そうでないか答えよ．ただし，リアクタンス関数である場合は，連分数展開を用いてインダクタと容量による合成結果を素子値と

ともに示せ．また，リアクタンス関数でない場合は，その根拠を示せ．

(a) $Z_{in1}(s) = \dfrac{2s^3 + 2s}{2s^2 + 1}$

(b) $Y_{in1}(s) = \dfrac{s^3 + 5s}{s^4 + 4s^2 + 3}$

(c) $Z_{in2}(s) = \dfrac{s^4 + 3s^2 + 3}{s^4 + 6s^2 + 8}$

(d) $Y_{in2}(s) = \dfrac{24s^3 + 6s}{24s^4 + 18s^2 + 1}$

(2) インピーダンス $Z_{in1}(s) = \dfrac{2s^2 + 2s}{2s + 1}$ と $Z_{in2}(s) = \dfrac{s+1}{s^2 + 3s}$ は，それぞれ LR2 端子回路または RC2 端子回路の駆動点インピーダンスを表している．以下の問に答えよ．

(a) 連分数展開を用いて，これらの駆動点インピーダンスを持つ 2 端子回路を 2 種類合成せよ．

(b) $s = \sigma$ として，$Z_{in}(\sigma)$ の特性の概略を描け．ただし，σ は実数である．

(3) 次の駆動点イミタンスが LC2 端子回路，LR2 端子回路，RC2 端子回路のいずれか，あるいはいずれにもあたらないか答えよ．ただし，LC2 端子回路または LR2 端子回路，RC2 端子回路の駆動点イミタンスである場合は連分数展開を用いて，そのイミタンスを持つ 2 端子回路をひとつ合成せよ．また，いずれのイミタンスでもない場合は，その根拠を示せ．

(a) $Z_{in1}(s) = \dfrac{s^3 + 6s^2 + 8s}{2s^2 + 8s + 6}$

(b) $Y_{in2}(s) = \dfrac{s^4 + 9s^2 + 14}{s^3 + 3s}$

(c) $Z_{in3}(s) = \dfrac{s^2 + 5s + 4}{s^3 + 7s^2 + 10s}$

(d) $Y_{in4}(s) = \dfrac{s^5 + 6s^3 + 5s}{s^4 + 5s^2 + 6}$

(e) $Z_{in5}(s) = \dfrac{s^3 + 7s^2 + 15s + 9}{s^2 + 6s + 8}$

(f) $Y_{in6}(s) = \dfrac{2s^5 + 13s^3 + 20s}{s^4 + 5s^2 + 6}$

(4) 図 4.13 の LC2 端子回路の駆動点インピーダンスを求め，得られた駆動点インピーダンスを連分数展開することにより，同じ駆動点インピーダンスを持つ 2 種類の LC2 端子回路を合成せよ．ただし，$L_1 = 1\mathrm{H}$，$L_2 = 2\mathrm{H}$，$C_1 = 1\mathrm{F}$，$C_2 = 2\mathrm{F}$ とする．

(5) 図 4.14 の LC2 端子回路の駆動点インピーダンスが，図 4.13 の LC2 端子回路のそれと等しくなるように，図 4.14 の LC2 端子回路の L_a，L_b，C_a，C_b を定めたい．このとき，L_a，L_b，C_a，C_b を L_1，L_2，C_1，C_2 によってどのように表せばよいか示せ．

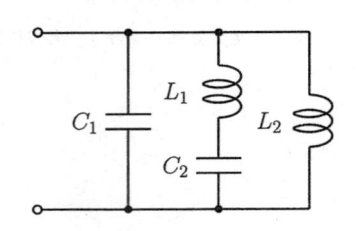

図 4.13 LC2 端子回路 (1)

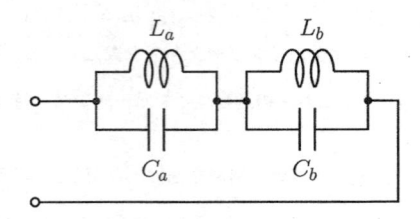

図 4.14 LC2 端子回路 (2)

(6) ある抵抗値を R_0 とし，二つの駆動点インピーダンス $Z_a(s)$ と $Z_b(s)$ が $Z_a(s)Z_b(s) = R_0^2$ を満足するとき，$Z_a(s)$ と $Z_b(s)$ という駆動点インピーダンスを持つ二つの回路は互いに逆回路であるという．$R_0 = 1\Omega$ として，次の駆動点インピーダンスを持つ回路およびその逆回路を求めよ．

(a) $Z_{1a}(s) = \dfrac{1}{1+s}$

(b) $Z_{2a}(s) = \dfrac{s^2+s+1}{s}$

(c) $Z_{3a}(s) = \dfrac{12s^2+1}{12s^3+5s}$

5

2端子対回路の表現と性質

本章では，フィルタを構成するための基礎として，**2端子対回路**†の特性を表すために用いられる，**2端子対回路パラメータ**について述べる．さらに，リアクタンス回路や他の受動回路の2端子対回路パラメータの性質を明らかにする．

5.1 2端子対回路パラメータ

5.1.1 2端子対回路の記述条件

図5.1に示す回路を2端子対回路と呼ぶ．この2端子対回路の特性が1-1'端子間電圧 V_1，2-2'端子間電圧 V_2，端子電流 I_1, I_2 によって記述できるためには

1. 2端子対回路 N は線形である．
2. 2端子対回路 N は独立電源を含まない．
3. $I_1 = I_1$' および $I_2 = I_2$' が常に成り立つ．

という三つの条件が必要である．特に，3番目の条件を端子条件と呼ぶ．

5.1.2 各種2端子対回路パラメータ

(1) Zパラメータ 図5.1の回路の端子間電圧と端子電流を

$$\begin{bmatrix} V_1 \\ V_2 \end{bmatrix} = \begin{bmatrix} Z_{11} & Z_{12} \\ Z_{21} & Z_{22} \end{bmatrix} \begin{bmatrix} I_1 \\ I_2 \end{bmatrix} \tag{5.1}$$

と表したとき，端子間電圧と端子電流の関係を表す行列をインピーダンス行列

---

† **4端子回路**と呼ばれることもある．

5 2端子対回路の表現と性質

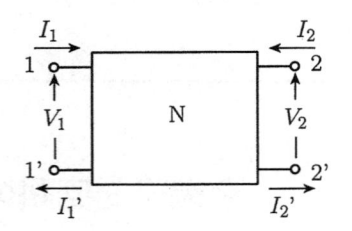

図 5.1 2端子対回路

あるいは **Z** 行列と呼び，行列の各成分を **Z** パラメータと呼ぶ．

式 (5.1) を基に，端子間電圧 V_1, V_2, 端子電流 I_1, I_2 から各 Z パラメータを求めると

$$Z_{11} = \left.\frac{V_1}{I_1}\right|_{I_2=0} \tag{5.2}$$

$$Z_{12} = \left.\frac{V_1}{I_2}\right|_{I_1=0} \tag{5.3}$$

$$Z_{21} = \left.\frac{V_2}{I_1}\right|_{I_2=0} \tag{5.4}$$

$$Z_{22} = \left.\frac{V_2}{I_2}\right|_{I_1=0} \tag{5.5}$$

となる．式 (5.2) から，Z_{11} は，$I_2 = 0$ のとき，すなわち，端子対 2-2' が開放であるときに端子対 1-1' から見込んだインピーダンスであるので，**開放駆動点インピーダンス**と呼ぶ．また，式 (5.3) から，Z_{12} は，$I_1 = 0$ のとき，すなわち，端子対 1-1' が開放であるときに端子対 2-2' に加えた電流と端子対 1-1' に現れる電圧の比であるので，端子対 2-2' から端子対 1-1' への**開放伝達インピーダンス**と呼ぶ．同様に，Z_{21} を端子対 1-1' から端子対 2-2' への開放伝達インピーダンス，Z_{22} を端子対 2-2' から見込んだ開放駆動点インピーダンスと呼ぶ．

[問 5.1] 図 5.2 に示す，インピーダンスが Z である素子 1 個から構成される 2 端子対回路のインピーダンス行列を求めよ．

5.1 2端子対回路パラメータ

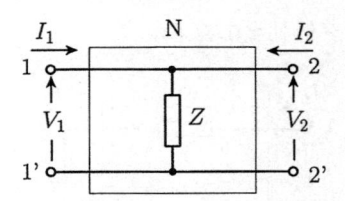

図 5.2 1素子から構成される2端子対回路 (1)

(2) Yパラメータ 図 5.1の回路の端子間電圧と端子電流を

$$\begin{bmatrix} I_1 \\ I_2 \end{bmatrix} = \begin{bmatrix} Y_{11} & Y_{12} \\ Y_{21} & Y_{22} \end{bmatrix} \begin{bmatrix} V_1 \\ V_2 \end{bmatrix} \tag{5.6}$$

と表したとき,端子間電圧と端子電流の関係を表す行列をアドミタンス行列あるいは **Y 行列** と呼び,各成分を **Y パラメータ** と呼ぶ.

式 (5.6)を基に,端子間電圧 V_1, V_2,端子電流 I_1, I_2 から各 Y パラメータを求めると

$$Y_{11} = \left. \frac{I_1}{V_1} \right|_{V_2=0} \tag{5.7}$$

$$Y_{12} = \left. \frac{I_1}{V_2} \right|_{V_1=0} \tag{5.8}$$

$$Y_{21} = \left. \frac{I_2}{V_1} \right|_{V_2=0} \tag{5.9}$$

$$Y_{22} = \left. \frac{I_2}{V_2} \right|_{V_1=0} \tag{5.10}$$

となる.式 (5.7)から,Y_{11} は,$V_2 = 0$ のとき,すなわち,端子対 2-2' が短絡であるときに端子対 1-1' から見込んだアドミタンスであるので,**短絡駆動点アドミタンス**と呼ぶ.また,式 (5.8)から,Y_{12} は,$V_1 = 0$ のとき,すなわち,端子対 1-1' が短絡であるときに端子対 2-2' に加えた電圧と端子対 1-1' に流れる電流の比であるので,端子対 2-2' から端子対 1-1' への**短絡伝達アドミタンス**と呼ぶ.同様に,Y_{21} を端子対 1-1' から端子対 2-2' への短絡伝達アドミタンス,Y_{22} を端子対 2-2' から見込んだ短絡駆動点アドミタンスと呼ぶ.

[問 5.2] 図 5.3に示す,アドミタンスが Y である素子1個から構成される2

端子対回路のアドミタンス行列を求めよ．

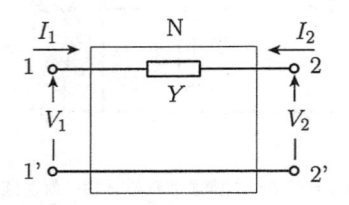

図 5.3 1素子から構成される2端子対回路 (2)

(**3**) **F パラメータ** 図 5.1の回路の端子間電圧と端子電流を
$$\begin{bmatrix} V_1 \\ I_1 \end{bmatrix} = \begin{bmatrix} A & B \\ C & D \end{bmatrix} \begin{bmatrix} V_2 \\ \tilde{I}_2 \end{bmatrix} \tag{5.11}$$
と表す．ただし，電流 $\tilde{I}_2$ は $\tilde{I}_2 = -I_2$ である．このとき，端子間電圧と端子電流の関係を表す行列を**縦続行列**あるいは **F 行列**と呼び，各成分を **F パラメータ**と呼ぶ．

式 (5.11) を基に，端子間電圧 V_1, V_2, 端子電流 I_1, $\tilde{I}_2$ から各 F パラメータを求めると

$$A = \left. \frac{V_1}{V_2} \right|_{\tilde{I}_2=0} \tag{5.12}$$

$$B = \left. \frac{V_1}{\tilde{I}_2} \right|_{V_2=0} \tag{5.13}$$

$$C = \left. \frac{I_1}{V_2} \right|_{\tilde{I}_2=0} \tag{5.14}$$

$$D = \left. \frac{I_1}{\tilde{I}_2} \right|_{V_2=0} \tag{5.15}$$

となる．式 (5.12) から，A は，$\tilde{I}_2 = 0$ のとき，すなわち，端子対 2-2' が開放であるときの端子対 1-1' から端子対 2-2' への電圧伝達関数の逆数であるので，A を**開放反電圧伝達関数**と呼ぶ．同様に，B, C, D をそれぞれ，**短絡伝達インピーダンス**，**開放伝達アドミタンス**，**短絡反電流伝達関数**と呼ぶ．

[問 5.3] 図 5.2 の回路と図 5.3 の回路の 2 端子対回路の縦続行列を求めよ．

5.1　2端子対回路パラメータ

（4）　その他の 2 端子対回路パラメータ　図 5.1 の回路の端子間電圧と端子電流の左辺と右辺への振り分け方の違いから，インピーダンス行列やアドミタンス行列，縦続行列以外にも

$$\begin{bmatrix} I_1 \\ V_2 \end{bmatrix} = \begin{bmatrix} G_{11} & G_{12} \\ G_{21} & G_{22} \end{bmatrix} \begin{bmatrix} V_1 \\ I_2 \end{bmatrix} \tag{5.16}$$

$$\begin{bmatrix} V_1 \\ I_2 \end{bmatrix} = \begin{bmatrix} H_{11} & H_{12} \\ H_{21} & H_{22} \end{bmatrix} \begin{bmatrix} I_1 \\ V_2 \end{bmatrix} \tag{5.17}$$

$$\begin{bmatrix} V_2 \\ I_2 \end{bmatrix} = \begin{bmatrix} A_i & B_i \\ C_i & D_i \end{bmatrix} \begin{bmatrix} V_1 \\ \tilde{I}_1 \end{bmatrix} \tag{5.18}$$

という行列が得られる．ただし，$\tilde{I}_1 = -I_1$ である．端子間電圧と端子電流の関係を表すそれぞれの行列を **G** 行列，**H** 行列，**Fi** 行列と呼び，それぞれの各成分を **G** パラメータ，**H** パラメータ，**Fi** パラメータと呼ぶ．

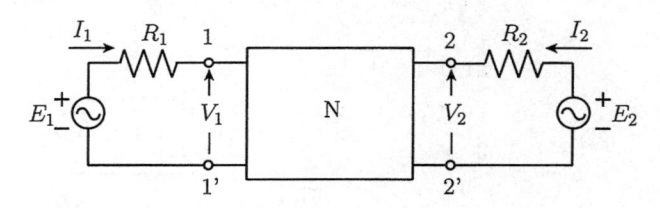

図 **5.4**　内部抵抗を持つ電圧源で駆動された 2 端子対回路

さらに，これら以外の 2 端子対回路パラメータとして，図 5.4 に示す，内部抵抗を持つ電圧源を用いて 2 端子対回路の特性を表す **S** パラメータがある．S パラメータは 2 端子対回路の端子間電圧と端子電流の関係を直接表すのではなく，

$$\begin{bmatrix} a_1 \\ a_2 \end{bmatrix} = \frac{1}{2} \begin{bmatrix} \dfrac{V_1}{\sqrt{R_1}} + \sqrt{R_1} I_1 \\ \dfrac{V_2}{\sqrt{R_2}} + \sqrt{R_2} I_2 \end{bmatrix} \tag{5.19}$$

と定義される入射波ベクトルと

$$\begin{bmatrix} b_1 \\ b_2 \end{bmatrix} = \frac{1}{2} \begin{bmatrix} \dfrac{V_1}{\sqrt{R_1}} - \sqrt{R_1} I_1 \\ \dfrac{V_2}{\sqrt{R_2}} - \sqrt{R_2} I_2 \end{bmatrix} \tag{5.20}$$

と定義される**反射波ベクトル**との関係を表すパラメータである．すなわち，S パラメータは，入射波ベクトルと反射波ベクトルの関係を

$$\begin{bmatrix} b_1 \\ b_2 \end{bmatrix} = \begin{bmatrix} S_{11} & S_{12} \\ S_{21} & S_{22} \end{bmatrix} \begin{bmatrix} a_1 \\ a_2 \end{bmatrix} \tag{5.21}$$

と表したときの行列の各成分であり，この行列を**散乱行列**あるいは **S 行列**と呼ぶ．

入射波 a_1, a_2 と反射波 b_1, b_2 は電力と密接に関係している．2 端子対回路の実効電力 P_L は，2 端子対回路の端子間電圧と端子電流を用いて

$$P_L = \frac{1}{2}(V_1\overline{I_1} + \overline{V_1}I_1 + V_2\overline{I_2} + \overline{V_2}I_2) \tag{5.22}$$

と表される．ここで，$|a_1|^2 - |b_1|^2$ および $|a_2|^2 - |b_2|^2$ が

$$\begin{aligned}
|a_1|^2 - |b_1|^2 &= \frac{1}{2}\left(\frac{V_1}{\sqrt{R_1}} + \sqrt{R_1}I_1\right) \times \frac{1}{2}\overline{\left(\frac{V_1}{\sqrt{R_1}} + \sqrt{R_1}I_1\right)} \\
&\quad -\frac{1}{2}\left(\frac{V_1}{\sqrt{R_1}} - \sqrt{R_1}I_1\right) \times \frac{1}{2}\overline{\left(\frac{V_1}{\sqrt{R_1}} - \sqrt{R_1}I_1\right)} \\
&= \frac{1}{2}(V_1\overline{I_1} + \overline{V_1}I_1) \tag{5.23}
\end{aligned}$$

$$\begin{aligned}
|a_2|^2 - |b_2|^2 &= \frac{1}{2}\left(\frac{V_2}{\sqrt{R_2}} + \sqrt{R_2}I_2\right) \times \frac{1}{2}\overline{\left(\frac{V_2}{\sqrt{R_2}} + \sqrt{R_2}I_2\right)} \\
&\quad -\frac{1}{2}\left(\frac{V_2}{\sqrt{R_2}} - \sqrt{R_2}I_2\right) \times \frac{1}{2}\overline{\left(\frac{V_2}{\sqrt{R_2}} - \sqrt{R_2}I_2\right)} \\
&= \frac{1}{2}(V_1\overline{I_2} + \overline{V_2}I_1) \tag{5.24}
\end{aligned}$$

となるので，実効電力 P_L が

$$P_L = |a_1|^2 + |a_2|^2 - |b_1|^2 - |b_2|^2 \tag{5.25}$$

であることがわかる．$|a_1|^2 + |a_2|^2$ は入射波電力を表し，$|b_1|^2 + |b_2|^2$ は反射波電力を表しているので，この式から実効電力とは入射波電力と反射波電力の差であることがわかる．S パラメータは次章で述べるフィルタ構成の際にも有用なパラメータである．また，高周波回路の特性を表す際にもしばしば用いられる．

5.1.3　2 端子対回路パラメータが存在しない場合

回路によっては，ある 2 端子対回路パラメータが存在しない場合がある．例えば，図 5.5 の回路の場合，Y パラメータや F パラメータは存在するが，Z パ

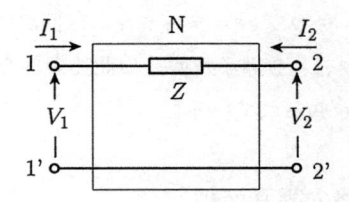

図 5.5　Z パラメータが存在しない例

ラメータは存在しない．

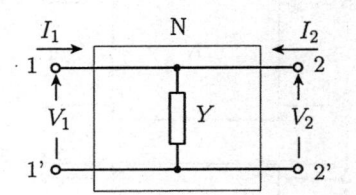

図 5.6　Y パラメータが存在しない例

同様に，図 5.6 の回路の場合，Z パラメータや F パラメータは存在するが，Y パラメータは存在しない．

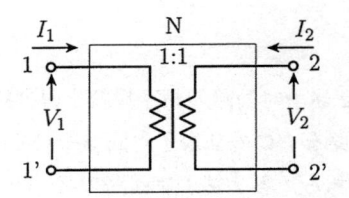

図 5.7　Z パラメータも Y パラメータも存在しない例

Z パラメータも Y パラメータも存在しない回路もある．図 5.7 に示す理想変成器では F パラメータが

$$\begin{bmatrix} V_1 \\ I_1 \end{bmatrix} = \begin{bmatrix} 1 & 0 \\ 0 & 1 \end{bmatrix} \begin{bmatrix} V_2 \\ \tilde{I}_2 \end{bmatrix} \tag{5.26}$$

であるが，Z パラメータや Y パラメータは存在しない．

このように，ZパラメータやYパラメータなどは回路によって存在しない場合があるが，Sパラメータは，2端子対回路の記述条件を満足するすべての回路について存在することが知られている[†]．

5.2 2端子対回路の相互接続

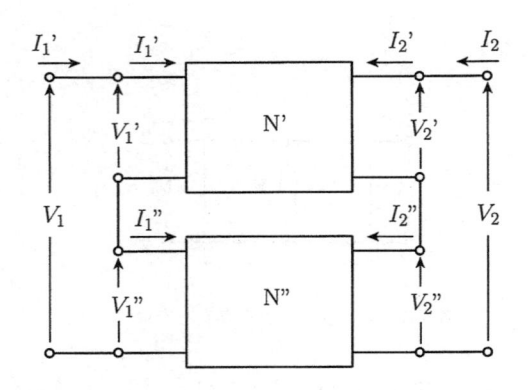

図5.8 2端子対回路の直列接続

5.2.1 直 列 接 続

図5.8に示す，二つの2端子対回路の相互接続を**直列接続**と呼ぶ．直列接続された二つの2端子対回路を一つの2端子対回路として取り扱う場合，Zパラメータを用いると便利である．各2端子対回路のZパラメータは

$$\begin{bmatrix} V_1{}' \\ V_2{}' \end{bmatrix} = \begin{bmatrix} Z_{11}{}' & Z_{12}{}' \\ Z_{21}{}' & Z_{22}{}' \end{bmatrix} \begin{bmatrix} I_1{}' \\ I_2{}' \end{bmatrix} \tag{5.27}$$

および

$$\begin{bmatrix} V_1{}'' \\ V_2{}'' \end{bmatrix} = \begin{bmatrix} Z_{11}{}'' & Z_{12}{}'' \\ Z_{21}{}'' & Z_{22}{}'' \end{bmatrix} \begin{bmatrix} I_1{}'' \\ I_2{}'' \end{bmatrix} \tag{5.28}$$

[†] 演習問題を参照のこと．

5.2 2端子対回路の相互接続

である.また,端子間電圧には

$$V_1 = V_1' + V_1'' \tag{5.29}$$

$$V_2 = V_2' + V_2'' \tag{5.30}$$

という関係があり,端子電流の間には

$$I_1 = I_1' = I_1'' \tag{5.31}$$

$$I_2 = I_2' = I_2'' \tag{5.32}$$

という関係がある.これらのことから,全体のZパラメータは

$$\begin{bmatrix} V_1 \\ V_2 \end{bmatrix} = \begin{bmatrix} V_1' + V_1'' \\ V_2' + V_2'' \end{bmatrix}$$
$$= \begin{bmatrix} Z_{11}'I_1' + Z_{11}''I_1'' & Z_{12}'I_2' + Z_{12}''I_2'' \\ Z_{21}'I_1' + Z_{21}''I_1'' & Z_{22}'I_2' + Z_{22}''I_2'' \end{bmatrix}$$
$$= \begin{bmatrix} Z_{11}' + Z_{11}'' & Z_{12}' + Z_{12}'' \\ Z_{21}' + Z_{21}'' & Z_{22}' + Z_{22}'' \end{bmatrix} \begin{bmatrix} I_1 \\ I_2 \end{bmatrix} \tag{5.33}$$

となり,それぞれの2端子対回路のZパラメータの和で表されることがわかる.

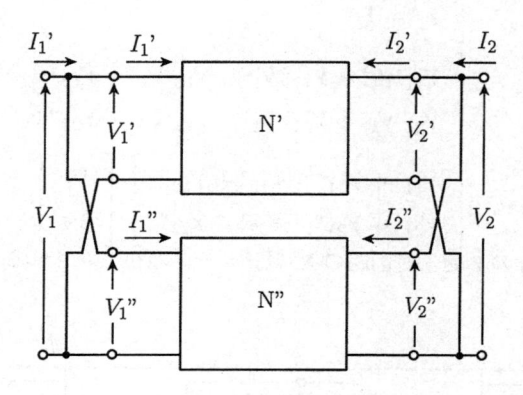

図 5.9 2端子対回路の並列接続

5.2.2 並 列 接 続

図 5.9に示す,二つの2端子対回路の相互接続を**並列接続**と呼ぶ.並列接続

された二つの2端子対回路を一つの2端子対回路として取り扱う場合，Yパラメータを用いると便利である．各2端子対回路のYパラメータは

$$\begin{bmatrix} I_1' \\ I_2' \end{bmatrix} = \begin{bmatrix} Y_{11}' & Y_{12}' \\ Y_{21}' & Y_{22}' \end{bmatrix} \begin{bmatrix} V_1' \\ V_2' \end{bmatrix} \tag{5.34}$$

および

$$\begin{bmatrix} I_1'' \\ I_2'' \end{bmatrix} = \begin{bmatrix} Y_{11}'' & Y_{12}'' \\ Y_{21}'' & Y_{22}'' \end{bmatrix} \begin{bmatrix} V_1'' \\ V_2'' \end{bmatrix} \tag{5.35}$$

である．また，端子間電圧には

$$V_1 = V_1' = V_1'' \tag{5.36}$$

$$V_2 = V_2' = V_2'' \tag{5.37}$$

という関係があり，端子電流の間には

$$I_1 = I_1' + I_1'' \tag{5.38}$$

$$I_2 = I_2' + I_2'' \tag{5.39}$$

という関係がある．これらのことから，全体のYパラメータは

$$\begin{bmatrix} I_1 \\ I_2 \end{bmatrix} = \begin{bmatrix} I_1' + I_1'' \\ I_2' + I_2'' \end{bmatrix}$$

$$= \begin{bmatrix} Y_{11}'V_1' + Y_{11}''V_1'' & Y_{12}'V_2' + Y_{12}''V_2'' \\ Y_{21}'V_1' + Y_{21}''V_1'' & Y_{22}'V_2' + Y_{22}''V_2'' \end{bmatrix}$$

$$= \begin{bmatrix} Y_{11}' + Y_{11}'' & Y_{12}' + Y_{12}'' \\ Y_{21}' + Y_{21}'' & Y_{22}' + Y_{22}'' \end{bmatrix} \begin{bmatrix} V_1 \\ V_2 \end{bmatrix} \tag{5.40}$$

となり，それぞれの2端子対回路のYパラメータの和で表されることがわかる．

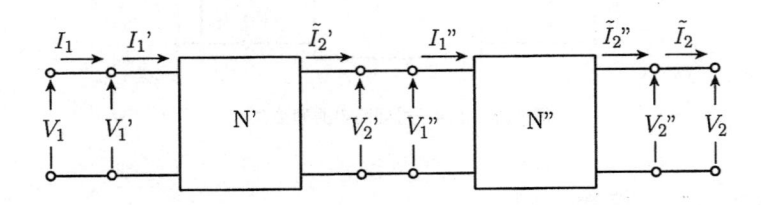

図 5.10 2端子対回路の縦続接続

5.2.3 縦続接続

図 5.10 に示す，二つの 2 端子対回路の相互接続を**縦続接続**と呼ぶ．縦続接続された二つの 2 端子対回路を一つの 2 端子対回路として取り扱う場合，F パラメータを用いると便利である．各 2 端子対回路の F パラメータは

$$\begin{bmatrix} V_1' \\ I_1' \end{bmatrix} = \begin{bmatrix} A' & B' \\ C' & D' \end{bmatrix} \begin{bmatrix} V_2' \\ \tilde{I}_2' \end{bmatrix} \tag{5.41}$$

および

$$\begin{bmatrix} V_1'' \\ I_1'' \end{bmatrix} = \begin{bmatrix} A'' & B'' \\ C'' & D'' \end{bmatrix} \begin{bmatrix} V_2'' \\ \tilde{I}_2'' \end{bmatrix} \tag{5.42}$$

である．また，端子間電圧には

$$V_1 = V_1' \tag{5.43}$$

$$V_2' = V_1'' \tag{5.44}$$

$$V_2'' = V_2 \tag{5.45}$$

という関係があり，端子電流の間には

$$I_1 = I_1' \tag{5.46}$$

$$\tilde{I}_2 = I_1'' \tag{5.47}$$

$$\tilde{I}_2'' = \tilde{I}_2 \tag{5.48}$$

という関係があることから，全体の F パラメータは

$$\begin{bmatrix} V_1 \\ I_1 \end{bmatrix} = \begin{bmatrix} A' & B' \\ C' & D' \end{bmatrix} \begin{bmatrix} A'' & B'' \\ C'' & D'' \end{bmatrix} \begin{bmatrix} V_2 \\ \tilde{I}_2 \end{bmatrix} \tag{5.49}$$

となり，全体の 2 端子対回路の縦続行列はそれぞれの 2 端子対回路の縦続行列の積で表されることがわかる．

[問 5.4] 左から図 5.2 の回路，図 5.3 の回路の順で縦続接続した回路と，逆の順番で縦続接続した回路の縦続行列を求めよ．

5.2.4 その他の相互接続と相互接続における例外

G パラメータや H パラメータなどを用いれば，例えば端子対 1-1' どうしが直列接続され，端子対 2-2' が並列接続されている回路の 2 端子対回路パラメータを容易に得ることができる．しかし，Y パラメータと F パラメータ以外は，

ほとんどの相互接続の場合，端子条件を満足しなくなるので，実用的には意味がない．

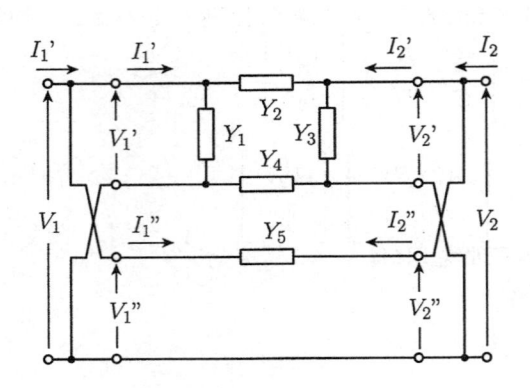

図 5.11　並列接続における例外

また，たとえ Y パラメータであっても端子条件が満足されなければ，並列接続された二つの 2 端子対回路の Y パラメータの和は，全体の回路の Y パラメータとはならない．例えば，図 5.11 の場合，上側の回路の Y パラメータは

$$\begin{bmatrix} I_1{}' \\ I_2{}' \end{bmatrix} = \begin{bmatrix} Y_1 + \dfrac{Y_2 Y_4}{Y_2 + Y_4} & -\dfrac{Y_2 Y_4}{Y_2 + Y_4} \\ -\dfrac{Y_2 Y_4}{Y_2 + Y_4} & Y_3 + \dfrac{Y_2 Y_4}{Y_2 + Y_4} \end{bmatrix} \begin{bmatrix} V_1{}' \\ V_2{}' \end{bmatrix} \quad (5.50)$$

であり，下側の回路の Y パラメータは

$$\begin{bmatrix} I_1{}'' \\ I_2{}'' \end{bmatrix} = \begin{bmatrix} Y_5 & -Y_5 \\ -Y_5 & Y_5 \end{bmatrix} \begin{bmatrix} V_1{}'' \\ V_2{}'' \end{bmatrix} \quad (5.51)$$

であるが，並列接続すると素子 Y_4 が短絡されるため，全体の回路の Y パラメータはこれらの和とはならず，

$$\begin{bmatrix} I_1 \\ I_2 \end{bmatrix} = \begin{bmatrix} Y_1 + Y_2 + Y_5 & -Y_2 - Y_5 \\ -Y_2 - Y_5 & Y_2 + Y_3 + Y_5 \end{bmatrix} \begin{bmatrix} V_1 \\ V_2 \end{bmatrix} \quad (5.52)$$

となる．

5.3 2端子対回路パラメータの相互変換

この節では，主な2端子対回路パラメータの相互変換について述べる．

5.3.1 ZパラメータとYパラメータの相互変換

式 (5.1) と式 (5.6) の比較から明らかなように，インピーダンス行列とアドミタンス行列は逆行列の関係にある．すなわち，ZパラメータはYパラメータによって

$$\begin{bmatrix} Z_{11} & Z_{12} \\ Z_{21} & Z_{22} \end{bmatrix} = \begin{bmatrix} Y_{11} & Y_{12} \\ Y_{21} & Y_{22} \end{bmatrix}^{-1}$$

$$= \frac{1}{Y_{11}Y_{22} - Y_{12}Y_{21}} \begin{bmatrix} Y_{22} & -Y_{12} \\ -Y_{21} & Y_{11} \end{bmatrix}^{-1} \tag{5.53}$$

と表され，逆にYパラメータはZパラメータによって

$$\begin{bmatrix} Y_{11} & Y_{12} \\ Y_{21} & Y_{22} \end{bmatrix} = \begin{bmatrix} Z_{11} & Z_{12} \\ Z_{21} & Z_{22} \end{bmatrix}^{-1}$$

$$= \frac{1}{Z_{11}Z_{22} - Z_{12}Z_{21}} \begin{bmatrix} Z_{22} & -Z_{12} \\ -Z_{21} & Z_{11} \end{bmatrix}^{-1} \tag{5.54}$$

と表される．

5.3.2 YパラメータとFパラメータの相互変換

Fパラメータにおいて$\tilde{I}_2$が$-I_2$であることに注意し，端子間電圧と端子電流の関係式を比較すれば，YパラメータとFパラメータの関係を導くことができる．Fパラメータを用いると端子間電圧と端子電流の関係は

$$V_1 = AV_2 + B\tilde{I}_2 = AV_2 - BI_2 \tag{5.55}$$

$$I_1 = CV_2 + D\tilde{I}_2 = CV_2 - DI_2 \tag{5.56}$$

と与えられる．まず，式 (5.55) から，I_2が

$$I_2 = -\frac{1}{B}V_1 + \frac{A}{B}V_2 \tag{5.57}$$

と求められる．この式と式 (5.56) から，I_1 が

$$I_1 = CV_2 - D(-\frac{1}{B}V_1 + \frac{A}{B}V_2)$$
$$= \frac{D}{B}V_1 - \frac{AD - BC}{B}V_2 \tag{5.58}$$

となる．式 (5.57) と式 (5.58) から，各 Y パラメータが F パラメータによって

$$Y_{11} = \frac{D}{B} \tag{5.59}$$

$$Y_{12} = -\frac{AD - BC}{B} \tag{5.60}$$

$$Y_{21} = -\frac{1}{B} \tag{5.61}$$

$$Y_{22} = \frac{A}{B} \tag{5.62}$$

と表されることがわかる．

逆に Y パラメータを使って，端子間電圧と端子電流の関係を表すと

$$I_1 = Y_{11}V_1 + Y_{12}V_2 \tag{5.63}$$

$$I_2 = Y_{21}V_1 + Y_{22}V_2 \tag{5.64}$$

となるので，まず，式 (5.64) から，V_1 が

$$V_1 = -\frac{Y_{22}}{Y_{21}}V_2 + \frac{1}{Y_{21}}I_2 = -\frac{Y_{22}}{Y_{21}}V_2 - \frac{1}{Y_{21}}\tilde{I}_2 \tag{5.65}$$

と求められる．この式と式 (5.63) から，I_1 が

$$I_1 = Y_{11}(-\frac{Y_{22}}{Y_{21}}V_2 - \frac{1}{Y_{21}}\tilde{I}_2) + Y_{12}V_2$$
$$= \frac{Y_{12}Y_{21} - Y_{11}Y_{22}}{Y_{21}}V_2 - \frac{Y_{11}}{Y_{21}}\tilde{I}_2 \tag{5.66}$$

となる．式 (5.65) と式 (5.66) から，各 F パラメータが Y パラメータによって

$$A = -\frac{Y_{22}}{Y_{21}} \tag{5.67}$$

$$B = -\frac{1}{Y_{21}} \tag{5.68}$$

$$C = \frac{Y_{12}Y_{21} - Y_{11}Y_{22}}{Y_{21}} \tag{5.69}$$

$$D = -\frac{Y_{11}}{Y_{21}} \tag{5.70}$$

と表されることがわかる．

[問 5.5] Z パラメータを F パラメータで，F パラメータを Z パラメータで

表せ．

5.4 2端子対回路の性質

本節では，まず初めに，2端子対受動回路に成り立つ，**可逆定理**について述べる．次に，この可逆定理に基づき，インダクタと容量のみからなる2端子対リアクタンス回路[†]の性質について考える．

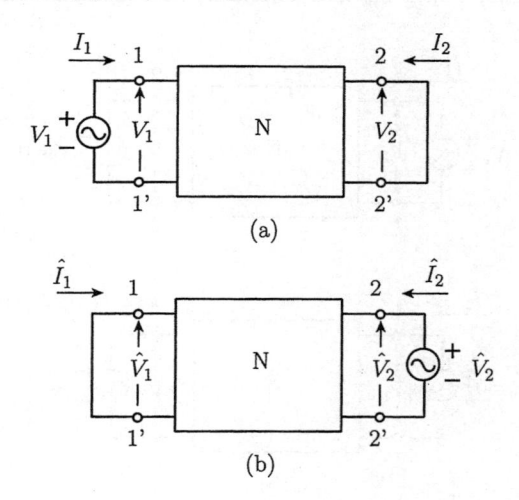

図 5.12 可逆定理

5.4.1 可逆定理

2端子対回路において，端子対 1-1' から端子対 2-2' への伝達特性と端子対 2-2' から端子対 1-1' への伝達特性が等しいことを**可逆**と呼ぶ．2端子対受動回路では次の可逆定理が成り立つ．

定理 5.1

[†] 理想変成器が含まれていても本節での議論は成り立つが，本書では理想変成器については考えないことにする．

[可逆定理]

図 5.12 に示すとおり，回路 N の端子対 1-1' に電圧 V_1 を加えた場合，端子対 2-2' に電流 I_2 が流れ，同一の回路 N の端子対 2-2' に電圧 $\hat{V}_2$ を加えた場合，端子対 1-1' に電流 $\hat{I}_1$ が流れたとする．このとき

$$\left.\frac{I_2}{V_1}\right|_{V_2=0} = \left.\frac{\hat{I}_1}{\hat{V}_2}\right|_{\hat{V}_1=0} \tag{5.71}$$

が成り立つ．

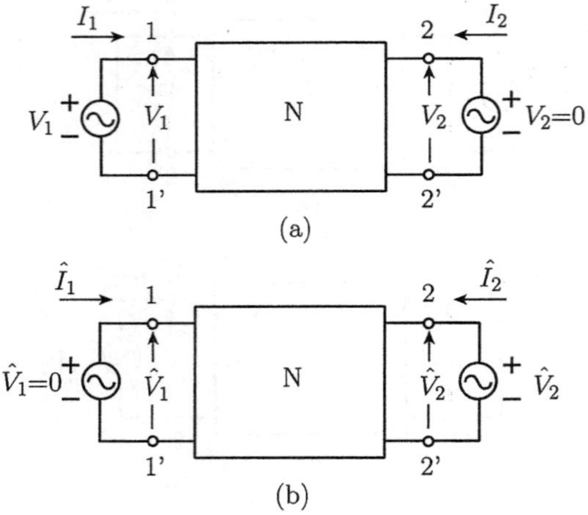

図 **5.13** 可逆定理の証明

証明 図 5.12(a) および (b) はそれぞれ，図 5.13(a) および (b) に示すとおりに等価的に表すことができる．これら二つの回路において，端子間電圧と端子電流の向きに注意し，テレゲンの定理を適用すると

$$V_1 \hat{I}_1 + V_2 \hat{I}_2 = \sum_{k=3}^{b} V_k \hat{I}_k \tag{5.72}$$

$$\hat{V}_1 I_1 + \hat{V}_2 I_2 = \sum_{k=3}^{b} \hat{V}_k I_k \tag{5.73}$$

5.4 2端子対回路の性質

を得る. 図 5.13 において, 回路 N は同一であり, k 番目の素子のインピーダンスを Z_k とすると, これら 2 式は

$$V_1\hat{I}_1 + V_2\hat{I}_2 = \sum_{k=3}^{b} Z_k I_k \hat{I}_k \tag{5.74}$$

$$\hat{V}_1 I_1 + \hat{V}_2 I_2 = \sum_{k=3}^{b} Z_k \hat{I}_k I_k \tag{5.75}$$

となり,

$$V_1\hat{I}_1 + V_2\hat{I}_2 = \hat{V}_1 I_1 + \hat{V}_2 I_2 \tag{5.76}$$

であることがわかる. さらに, $V_2 = 0$ および $\hat{V}_1 = 0$ であることから

$$\left.\frac{I_2}{V_1}\right|_{V_2=0} = \left.\frac{\hat{I}_1}{\hat{V}_2}\right|_{\hat{V}_1=0} \tag{5.77}$$

が成り立つことがわかる. ◇

式 (5.71) あるいは式 (5.77) は, 回路 N の Y パラメータ Y_{12} と Y_{21} が等しいことを表している. また, 同様の議論から, 回路 N の Z パラメータ Z_{12} と Z_{21} が等しいことも導くことができる.

可逆定理から, 2端子対回路の F パラメータに関する性質を導くことができる. Y_{12} と Y_{21} は F パラメータにより

$$Y_{12} = -\frac{AD - BC}{B} \tag{5.78}$$

$$Y_{21} = -\frac{1}{B} \tag{5.79}$$

と表されるので, 縦続行列の行列式 $AD - BC$ は

$$AD - BC = 1 \tag{5.80}$$

であることがわかる.

[問 5.6] Z パラメータ Z_{12} と Z_{21} が等しいことを示せ.

5.4.2 2端子対リアクタンス回路の性質

図 5.14 に示すとおり, 同一の 2 端子対リアクタンス回路の両端子対が, 異なる電流源で駆動されているものとする. 図 5.14(a) の 2 端子対リアクタンス回路について, 電圧と電流の向きを考えてテレゲンの定理を適用すると

$$V_1\bar{I}_1 + V_2\bar{I}_2 = \sum_{k=3}^{b} V_k \bar{I}_k \tag{5.81}$$

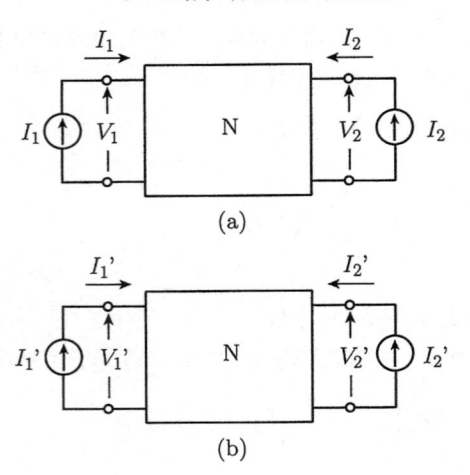

図 5.14　2 端子対リアクタンス回路の Z パラメータの性質

を得る．ただし，$\overline{I}_k(k=1\sim b)$ は電流 I_k の複素共役である．回路 N はリアクタンス回路であるから，素子に加わる電圧 V_k は

$$V_k = jX_k I_k \quad (k=3 \sim b) \tag{5.82}$$

と表される．ただし，X_k は k 番目の素子のリアクタンスである．この式を式 (5.81) に代入すると

$$V_1\overline{I}_1 + V_2\overline{I}_2 = j\sum_{k=3}^{b} X_k |I_k|^2 \tag{5.83}$$

となるので

$$\mathrm{Re}[V_1\overline{I}_1 + V_2\overline{I}_2] = 0 \tag{5.84}$$

となり，$V_1\overline{I}_1 + V_2\overline{I}_2$ が純虚数であることがわかる．図 5.14(b) についても同様の議論から

$$\mathrm{Re}[V_1'\overline{I}_1' + V_2'\overline{I}_2'] = 0 \tag{5.85}$$

となる．

一方，Z パラメータの定義から電圧 V_1 と V_2 は

$$V_1 = Z_{11}I_1 + Z_{12}I_2 \tag{5.86}$$

$$V_2 = Z_{21}I_1 + Z_{22}I_2 \tag{5.87}$$

であるので，これらの式を式 (5.84) に代入すると

$$\mathrm{Re}[Z_{11}|I_1|^2 + Z_{12}\overline{I_1}I_2 + Z_{21}I_1\overline{I_2} + Z_{22}|I_2|^2] = 0 \tag{5.88}$$

を得る．2 端子対回路では $Z_{12} = Z_{21}$ が成り立つので

$$\mathrm{Re}[Z_{11}|I_1|^2 + Z_{12}(\overline{I_1}I_2 + I_1\overline{I_2}) + Z_{22}|I_2|^2] = 0 \tag{5.89}$$

となる．同様に，図 5.14(b) について

$$\mathrm{Re}[Z_{11}|I_1'|^2 + Z_{12}(\overline{I_1'}I_2' + I_1'\overline{I_2'}) + Z_{22}|I_2'|^2] = 0 \tag{5.90}$$

が成り立つ．

式 (5.89) や式 (5.90) は任意の I_1, I_2, I_1', I_2' について成り立つので，式 (5.89) において $I_1 \neq 0$, $I_2 = 0$ とすれば，Z_{11} が純虚数であることがわかる．同様に，$I_1 = 0$, $I_2 \neq 0$ とすれば Z_{22} も純虚数でなければならないことがわかる．さらに，$I_1' = I_1$, $I_2' = -I_2$ とし，式 (5.89) と式 (5.90) の辺々を引くと

$$\mathrm{Re}[2Z_{12}(\overline{I_1}I_2 + I_1\overline{I_2})] = 0 \tag{5.91}$$

となる．この式において，$\overline{I_1}I_2 + I_1\overline{I_2}$ は

$$\overline{I_1}I_2 + I_1\overline{I_2} = \overline{I_1}I_2 + \overline{\overline{I_1}I_2} \tag{5.92}$$

と表されるので，互いに複素共役である数の和であるから，実数であることがわかる．したがって，式 (5.91) は

$$4\mathrm{Re}[Z_{12}]\mathrm{Re}[\overline{I_1}I_2] = 0 \tag{5.93}$$

となる．ここで，$\mathrm{Re}[\overline{I_1}I_2] \neq 0$ となるように，I_1 と I_2 を選べば，$\mathrm{Re}[Z_{12}] = 0$, すなわち Z_{12} が純虚数でなければならないことがわかる．

以上から，2 端子対リアクタンス回路の Z パラメータはすべて純虚数であることがわかる．また，同様の議論から，2 端子対リアクタンス回路の Y パラメータも純虚数となる．

【例題 5.1】 図 5.15 の 2 端子対リアクタンス回路の Z パラメータを求め，Z パラメータが純虚数であることを確かめる．

Z_{11} は端子対 2-2' が開放のとき，端子対 1-1' から見込んだインピーダン

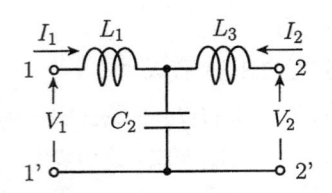

図 5.15 T型2端子対リアクタンス回路

スであるので
$$Z_{11} = j\omega L_1 + \frac{1}{j\omega C_2} \tag{5.94}$$
となる．同様に，Z_{22} は
$$Z_{22} = j\omega L_3 + \frac{1}{j\omega C_2} \tag{5.95}$$
である．

Z_{12} は端子対 1-1' を電流源で駆動した際に，端子対 2-2' 間に現れる電圧と電流源の電流との比であるから
$$Z_{12} = \frac{1}{j\omega C_2} \tag{5.96}$$
となる．さらに，$Z_{21} = Z_{12}$ であることから，すべての Z パラメータが純虚数であることがわかる．

[問 5.7] 図 5.15 に示す 2 端子対リアクタンス回路の Y パラメータを求め，Y パラメータが純虚数であることを確かめよ．

次に，2 端子対リアクタンス回路の F パラメータについて考える．Y パラメータを用いて F パラメータを表すと，F パラメータは

$$A = -\frac{Y_{22}}{Y_{21}} \tag{5.97}$$

$$B = -\frac{1}{Y_{21}} \tag{5.98}$$

$$C = \frac{Y_{12}Y_{21} - Y_{11}Y_{22}}{Y_{21}} \tag{5.99}$$

$$D = -\frac{Y_{11}}{Y_{21}} \tag{5.100}$$

であるので，Yパラメータが純虚数であることから，A と D は実数，B と C は純虚数であることがわかる．

2端子対リアクタンス回路のFパラメータは $j\omega$ の関数であるので，それぞれを $A(j\omega)$, $B(j\omega)$, $C(j\omega)$, $D(j\omega)$ と表記する．まず，$A(j\omega)$ が実数であることから

$$A(j\omega) = \overline{A(j\omega)} \tag{5.101}$$

が成り立つ．$A(j\omega)$ は $j\omega$ の実係数多項式または実係数有理関数であるので，さらに式 (5.101) を

$$A(j\omega) = A(\overline{j\omega}) = A(-j\omega) \tag{5.102}$$

と書き改めることができる．$A(j\omega) = A(-j\omega)$ が成り立つことから，$A(j\omega)$ が $j\omega$ の偶関数であることがわかる．同様に，$D(j\omega)$ も $j\omega$ の偶関数である．

次に，$B(j\omega)$ が純虚数であり，$j\omega$ の実係数多項式または実係数有理関数であることから

$$-B(j\omega) = \overline{B(j\omega)} = B(\overline{j\omega}) = B(-j\omega) \tag{5.103}$$

が成り立つ．したがって，$B(j\omega)$ が $j\omega$ の奇関数であることがわかる．同様に，$C(j\omega)$ も $j\omega$ の奇関数である[†]．

【例題 5.2】 図 5.15 の 2 端子対リアクタンス回路のFパラメータを求め，A と D が実数，B と C が純虚数であることを確かめる．

L_1, C_2, L_3 のそれぞれが 2 端子対回路を構成していると考えると，図 5.15 はそれら 3 個の 2 端子対回路の縦続接続であるので，全体の縦続行列は

$$\begin{bmatrix} A & B \\ C & D \end{bmatrix} = \begin{bmatrix} 1 & j\omega L_1 \\ 0 & 1 \end{bmatrix} \begin{bmatrix} 1 & 0 \\ j\omega C_2 & 1 \end{bmatrix} \begin{bmatrix} 1 & j\omega L_3 \\ 0 & 1 \end{bmatrix}$$

$$= \begin{bmatrix} 1 - \omega^2 L_1 C_2 & j\omega(L_1 + L_3) - j\omega^3 L_1 C_2 L_3 \\ j\omega C_2 & 1 - \omega^2 C_2 L_3 \end{bmatrix} \tag{5.104}$$

[†] 「関数 $f(x)$ が x の偶関数である」とは，$f(x) = f(-x)$ が成り立つことである．また，「関数 $f(x)$ が x の奇関数である」とは，$-f(x) = f(-x)$ が成り立つことである．

となる．この式から，A と D は実数，B と C は純虚数であることがわかる．

図 5.16 (a)

図 5.16 (b)

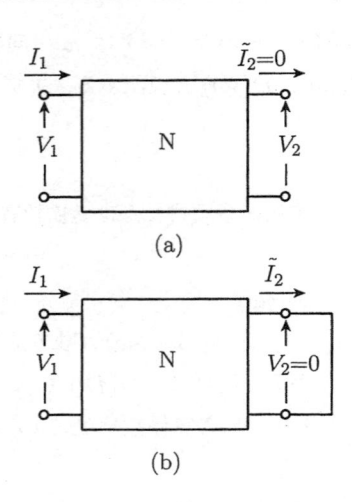

図 5.16 LC2 端子回路の駆動点インピーダンスの性質

5.4.3 LC2 端子回路の駆動点インピーダンスの性質

一般に LC2 端子回路は，2 端子対リアクタンス回路を用いて，端子対 2-2' を開放した図 5.16(a) または端子対 2-2' を短絡した図 5.16(b) のように表すことができる．図 5.16(a) の場合，F パラメータにより駆動点インピーダンスは

$$Z_{LC}(s) = \frac{V_1}{I_1} = \left.\frac{AV_2 + B\tilde{I}_2}{CV_2 + D\tilde{I}_2}\right|_{\tilde{I}_2=0} = \frac{A}{C} \tag{5.105}$$

と表され，図 5.16(b) の場合，

$$Z_{LC}(s) = \frac{V_1}{I_1} = \left.\frac{AV_2 + B\tilde{I}_2}{CV_2 + D\tilde{I}_2}\right|_{V_2=0} = \frac{B}{D} \tag{5.106}$$

と表される．F パラメータの A と D が $j\omega$ の偶関数，B と C が $j\omega$ の奇関数であることから，LC2 端子回路の駆動点インピーダンスは，図 5.16(a) および (b) いずれの場合も，$j\omega$ の奇関数であることがわかる．

[問 5.8] 図 5.15 が図 5.16 のリアクタンス回路 N であるとして，端子対 2-2' を開放としても，短絡としても，端子対 1-1' から見込んだ駆動点インピーダン

5.4 2端子対回路の性質

スが $j\omega$ の奇関数となることを確かめよ．

演習問題

(1) 任意の2端子対回路に関してSパラメータが存在することを示せ．

(2) 図5.17に関する以下の問に答えよ．

    (a) 図5.17に示すリアクタンス回路において，端子対1-1'から見込んだ駆動点インピーダンス $Z_{in1}(s)$ が
$$Z_{in1}(s) = \frac{s^5 + 6s^3 + 8s}{2s^4 + 8s^2 + 6}$$
であるとき，図5.17の各素子値を求めよ．

    (b) 図5.17のリアクタンス回路において，短絡されている端子対2-2'を開放して2端子対リアクタンス回路を構成したとき，この2端子対リアクタンス回路のFパラメータを(a)で求めた素子値を用いて求めよ．

    (c) 図5.17のリアクタンス回路の端子対1-1'を短絡し，端子対2-2'を開放したとき，端子対2-2'から見込んだ駆動点インピーダンス $Z_{in2}(s)$ を(a)で求めた素子値を用いて求めよ．

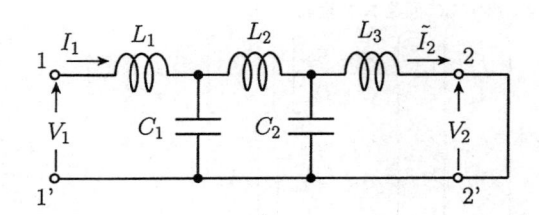

図5.17 1端子対リアクタンス回路

(3) 図5.18に示す2端子対リアクタンス回路の電圧と電流 V_1, V_2, I_1, $\tilde{I}_2$ が正弦波状に変化している定常状態の場合，その実効電力 P は
$$P = \frac{1}{2}(V_1 \overline{I}_1 + \overline{V}_1 I_1 + V_2 \overline{I}_2 + \overline{V}_2 I_2)$$
と表される．ただし，$I_2 = -\tilde{I}_2$ である．

    (a) 図5.18の回路の実効電力 P が零となることをFパラメータを用いて示せ．

    (b) 図5.18の回路の実効電力 P が零となることをテレゲンの定理を用いて示せ．

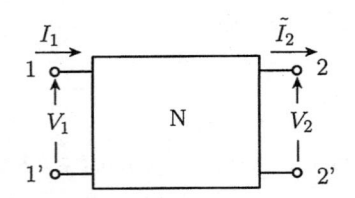

図 5.18 2 端子対リアクタンス回路

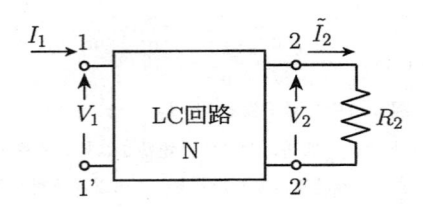

図 5.19 2-2' 端子間に抵抗が接続された 2 端子対 LC 回路

(4) F パラメータと 2 端子対 LC 回路に関する以下の問に答えよ．

(a) 図 5.19 に示す LC 回路 N の縦続行列が

$$\begin{bmatrix} V_1 \\ I_1 \end{bmatrix} = \begin{bmatrix} A & B \\ C & D \end{bmatrix} \begin{bmatrix} V_2 \\ \tilde{I}_2 \end{bmatrix}$$

であるとき，この式から

$$\begin{bmatrix} V_2 \\ I_2 \end{bmatrix} = \begin{bmatrix} A_i & B_i \\ C_i & D_i \end{bmatrix} \begin{bmatrix} V_1 \\ \tilde{I}_1 \end{bmatrix}$$

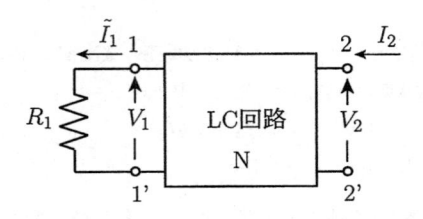

図 5.20 1-1' 端子間に抵抗が接続された 2 端子対 LC 回路

5.4 2端子対回路の性質

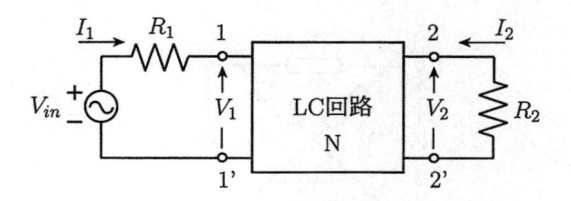

図 5.21 抵抗両終端型 LC 回路

を求め，この行列の各成分 A_i, B_i, C_i, D_i を F パラメータ A, B, C, D を用いて表せ．ただし，$I_2 = -\tilde{I}_2$ であり，$\tilde{I}_1 = -I_1$ である．

(b) 図 5.19 の回路において，V_1/I_1 を求めよ．

(c) 図 5.20 の回路において，V_2/I_2 を求めよ．

(d) 図 5.21 において，電源 V_{in} と抵抗 R_1 からなる回路が，LC 回路 N と抵抗 R_2 からなる回路に最大の電力を供給するための条件を求めよ．

(e) 図 5.21 の回路において，電源 V_{in} と抵抗 R_1，LC 回路 N からなる回路が，抵抗 R_2 に最大の電力を供給するための条件を求め，(d) の条件と等価であることを示せ．

(5) 以下の問に答えよ．

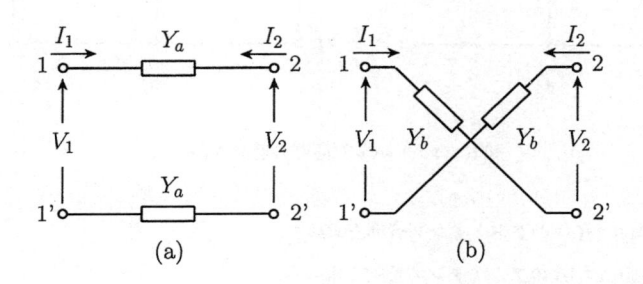

図 5.22 格子型回路の部分回路

(a) 図 5.22(a) のアドミタンス行列を求めよ．

(b) 図 5.22(b) のアドミタンス行列を求めよ．

(c) 図 5.23 のアドミタンス行列を求めよ．

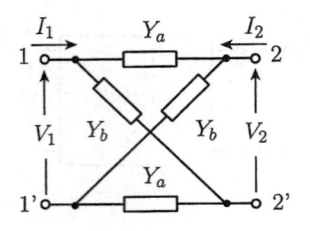

図 5.23 格子型回路

(d) 図 5.23 の縦続行列を求めよ．

(e) 図 5.23 の端子対 2-2' に抵抗 R を接続する．また，Y_a と Y_b との間に $Y_b = 1/(Y_a R^2)$ という関係が成り立つとする．このとき，端子対 1-1' から見込んだ駆動点インピーダンス $Z_{in} = V_1/I_1$ を求めよ．

(6) 以下の問に答えよ．

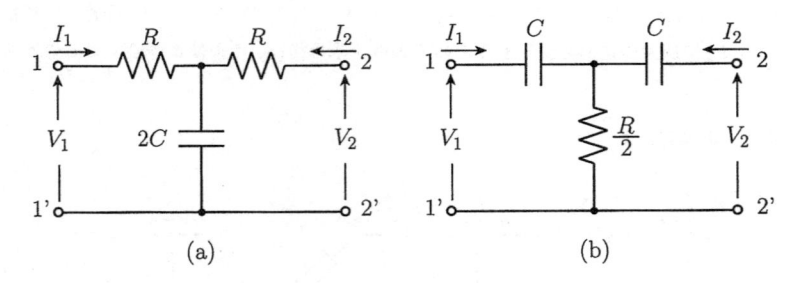

図 5.24 Twin-T 回路の部分回路

(a) 図 5.24(a) のアドミタンス行列を求めよ．
(b) 図 5.24(b) のアドミタンス行列を求めよ．
(c) 図 1.21 の回路の縦続行列を求めよ．
(d) 図 1.21 の回路において V_{out}/V_{in} を求めよ．

(7) 図 5.25(a) の端子対 1-1' と端子対 2-2' を入れ替え，図 5.25(a) と縦続に接続した回路が図 5.25(b) である．図 5.25(b) の回路を一般に**軸対称型回路**と呼ぶ．以下の問に答えよ．

5.4 2端子対回路の性質

(a)

(b)

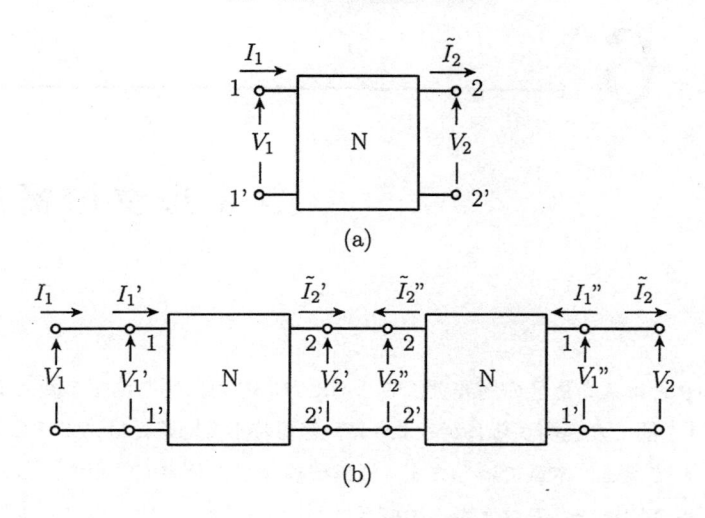

図 5.25 軸対称型回路

(a) 図 5.25(a) の回路の F 行列が
$$\begin{bmatrix} V_1 \\ I_1 \end{bmatrix} = \begin{bmatrix} A_0 & B_0 \\ C_0 & D_0 \end{bmatrix} \begin{bmatrix} V_2 \\ \tilde{I}_2 \end{bmatrix}$$
であるとき，図 5.25(b) の回路の縦続行列の A 成分と D 成分が等しいことを示せ．

(b) 図 5.23 の回路が，図 5.25(b) の回路と等しい縦続行列を持つように，図 5.23 の素子値 Y_a および Y_b を定めたい．このとき，Y_a および Y_b を A_0, B_0, C_0, D_0 によってどのように表せばよいか示せ．

6

フィルタの構成

　フィルタとは入力信号の周波数に応じて出力信号の振幅や位相を変える回路である．1.1節での説明からわかるように，線形時不変回路とは，まさしくフィルタのことである．本章では，まず，通信機器などにおいて欠かすことのできない信号処理回路であるフィルタの概要について説明し，次に，フィルタの特性を決定する方法について述べる．最後に，この方法から得られるフィルタの特性を基に，インダクタや容量，抵抗を用いたフィルタの構成手法を示す．

6.1　フィルタの概要

　フィルタ内のすべての電圧と電流の初期値を零としたとき，フィルタの入力信号と出力信号のラプラス変換の比は**伝達関数**と呼ばれている[†]．フィルタの特性を決定するということは伝達関数を決定することに他ならない．
　フィルタの伝達関数を $T(s)$ とすると，$T(s)$ を

$$T(s)|_{s=j\omega} = A(\omega)e^{j\theta(\omega)} \tag{6.1}$$

と表すことができる．ただし，$A(\omega)$ と $\theta(\omega)$ は

$$A(\omega) = |T(s)|_{s=j\omega} \tag{6.2}$$

$$\theta(\omega) = \arg T(s)|_{s=j\omega} \tag{6.3}$$

であり，$A(\omega)$ が振幅特性，$\theta(\omega)$ が位相特性である．

[†] 伝達関数は回路関数の一つである．

6.1 フィルタの概要

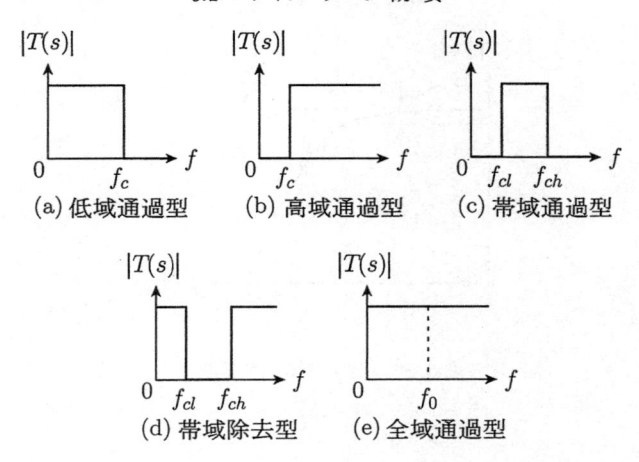

図 6.1 各種フィルタの特性

(a) 低域通過型 (b) 高域通過型 (c) 帯域通過型
(d) 帯域除去型 (e) 全域通過型

6.1.1 理想フィルタ特性

代表的なフィルタの特性例を模式的に図 6.1 に示す．図 6.1(a) は直流を含む低い周波数の信号成分のみを通過させ，f_c 以上の信号成分を除去する**低域通過フィルタ**の振幅特性である．また，図 6.1(b) は f_c 以上の信号成分のみを通過させる**高域通過フィルタ**の振幅特性を表している．それぞれのフィルタ特性において f_c は**遮断周波数**と呼ばれている．さらに，図 6.1(c) は，直流の信号は通さず，f_{c1} から f_{c2} までの帯域内の周波数の信号のみを通過させる**帯域通過フィルタ**の振幅特性を表し，図 6.1(d) の特性は，図 6.1(c) とは逆に，ある帯域内の周波数の信号成分のみを除去するフィルタの特性であり，この特性を示すフィルタは**帯域除去フィルタ**と呼ばれている．図 6.1(c) および図 6.1(d) において f_{cl} は**低域遮断周波数**，f_{ch} は**高域遮断周波数**と呼ばれている．図 6.1(e) の振幅特性を持つフィルタは**全域通過フィルタ**と呼ばれており，振幅特性は周波数に依らずに一定であるが，一般に特定の周波数 f_0 付近の周波数を持つ信号の位相が大きく変化して出力に現れるフィルタである．なお，信号が通過できる周波数帯域を**通過域**あるいは**通過帯域**，信号が通過できない周波数帯域を**遮断域**と呼ぶ．これらのフィルタ特性以外に，通過域が複数ある特性や，全域通過型特

図 6.2　実際のフィルタ特性

性のように主として位相特性に着目した特性などもある．

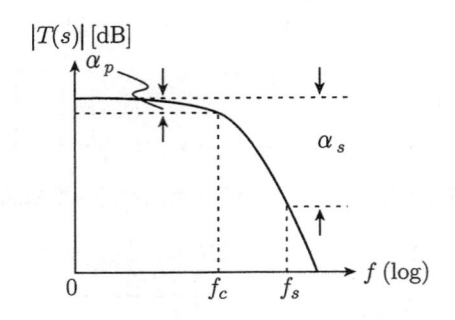

6.1.2　実際のフィルタ特性

　実際のフィルタの特性は，図 6.1 に示した特性とは異なり，遮断周波数において階段状に変化することができない．また，通過域全体を平坦に保つことも困難である．実際のフィルタ特性の例を図 6.2 に示す．図 6.2 は低域通過フィルタの特性を示している．図 6.2 において 0 から f_c までの帯域を通過域，f_s 以上の帯域を遮断域と呼ぶ．また，f_c から f_s までの帯域は**過渡域**と呼ばれており，f_s を**遮断域端周波数**と呼ぶ．通過域内の振幅の偏差 α_p を**通過域内許容偏差**と呼び，遮断域での減衰量の最小値 α_s を**最小減衰量**と呼ぶ．図 6.2 のフィルタを理想特性に近づけるには，伝達関数の分母多項式の次数を高くする必要がある．伝達関数の分母多項式の次数は**フィルタの次数**と呼ばれ，一般にフィルタの次数の増加とともにフィルタの規模が増大する．

6.2　伝達関数の設計

　遮断周波数や通過域内許容偏差，最小減衰量などの仕様が与えられた場合，これらの仕様を満たすフィルタの伝達関数を決定しなければならない．ここでは，最も簡単な伝達関数の一つである，**振幅最大平坦特性**を求める方法につい

て述べる.

6.2.1 振幅最大平坦特性

振幅最大平坦特性とは振幅特性の2乗が

$$|T(j\omega)|^2 = \frac{k^2}{1+(\alpha_p^2-1)\omega^{2n}} \tag{6.4}$$

となる特性のことである[†]. 式 (6.4)において，kは直流における振幅特性の値を表す正の定数である. また，nはフィルタの次数である.

振幅特性の2乗から伝達関数を求めるためには

$$1+(\alpha_p^2-1)\omega^{2n} = 0 \tag{6.5}$$

をωについて解き，解を求めれば良い. ここでは，簡単のため$\alpha_p = \sqrt{2}$とする. このとき，角周波数 1rad/s で振幅特性が直流での値の $1/\sqrt{2}$ 倍となる低域通過型特性となる[††].

$\alpha_p = \sqrt{2}$とすると，式 (6.5)は

$$1+(\alpha_p^2-1)\omega^{2n} = 1+\omega^{2n} \tag{6.6}$$

となる. したがって，その解$\omega_i (i=1 \sim 2n)$ は

$$\omega_i = (-1)^{\frac{1}{2n}} = \{e^{j(2i-1)\pi}\}^{\frac{1}{2n}} = e^{j\frac{(2i-1)\pi}{2n}} \tag{6.7}$$

となり，$2n$個の解が求められる. ただし，$2n$個の解の中に複素共役の解があるので，そのことを考慮すると，式 (6.6)は

$$1+\omega^{2n} = (\omega-\omega_1)(\omega-\overline{\omega}_1)(\omega-\omega_2)(\omega-\overline{\omega}_2)\cdots(\omega-\omega_n)(\omega-\overline{\omega}_n) \tag{6.8}$$

と因数分解される. ただし，$\overline{\omega}_i(i=1\sim n)$ はω_iの複素共役を表す. ここで，右辺のそれぞれの複素共役の組にjと$-j$を掛ける[†††]と

$$\begin{aligned}
&(\omega-\omega_1)(\omega-\overline{\omega}_1)(\omega-\omega_2)(\omega-\overline{\omega}_2)\cdots(\omega-\omega_n)(\omega-\overline{\omega}_n) \\
&= (j\omega-j\omega_1)(-j\omega+j\overline{\omega}_1)(j\omega-j\omega_2)(-j\omega+j\overline{\omega}_2) \\
&\quad \cdots(j\omega-j\omega_n)(-j\omega+j\overline{\omega}_n)
\end{aligned}$$

[†] より正確には，$1/|T(j\omega)|^2$をω^2で微分した場合，その1階微分から$n-1$階微分までの値が$\omega=0$，すなわち，直流において零となる特性のことである. バターワース特性と呼ぶこともある.

[††] 振幅最大平坦特性の場合に，特に断らない限り，振幅特性が直流での値の $1/\sqrt{2}$ 倍となる周波数を遮断周波数と呼ぶことにする.

[†††] $j(-j)=1$であるから右辺の各因数にjと$-j$を掛けても左辺と等しいという関係は保たれる.

$$= (j\omega - j\omega_1)(\overline{j\omega - j\omega_1})(j\omega - j\omega_2)(\overline{j\omega - j\omega_2})$$
$$\cdots (j\omega - j\omega_n)(\overline{j\omega - j\omega_n})$$
$$= |j\omega - j\omega_1|^2 |j\omega - j\omega_2|^2 \cdots |j\omega - j\omega_n|^2 \tag{6.9}$$

となる．$j\omega$ を s に置き換えると

$$1 + \omega^{2n} = |s - j\omega_1|^2 |s - j\omega_2|^2 \cdots |s - j\omega_n|^2 \tag{6.10}$$

という関係が得られる．したがって，式(6.4)および式(6.6)から，伝達関数 $T(s)$ が ω_i によって

$$|T(s)|^2 = \frac{k^2}{|s - j\omega_1|^2 |s - j\omega_2|^2 \cdots |s - j\omega_n|^2} \tag{6.11}$$

と表される．ω_i は $2n$ 個あるが，フィルタが安定であるためには伝達関数 $T(s)$ の分母多項式がフルビッツ多項式でなければならないので，複素共役の解のうち

$$\mathrm{Re}[j\omega_i] < 0 \tag{6.12}$$

となる n 個の解を選べばよい．このことから $T(s)$ が

$$T(s) = \frac{k}{(s - j\omega_1)(s - j\omega_2) \cdots (s - j\omega_n)} \tag{6.13}$$

となる．

6.2.2 その他の特性

振幅最大平坦特性以外に，通過域内で振幅特性がうねる**振幅等リプル特性**[†]や信号の遅れが直流において最大平坦となる**遅延最大平坦特性**などが知られいている．

【**例題 6.1**】 遮断角周波数が 1rad/s の 2 次振幅最大平坦特性を示す伝達関数 $T_2(s)$ を求めてみる．

$\alpha_p = \sqrt{2}$ とし，次数が 2 であることから，式(6.5)に $n = 2$ を代入すると

$$1 + \omega^4 = 0 \tag{6.14}$$

を得る．この式を因数分解すると，解は

$$\omega_1 = \frac{1}{\sqrt{2}} + j\frac{1}{\sqrt{2}} \tag{6.15}$$

[†] 図6.10を参照のこと．この特性をチェビシェフ特性と呼ぶこともある．

$$\overline{\omega}_1 = \frac{1}{\sqrt{2}} - j\frac{1}{\sqrt{2}} \tag{6.16}$$

$$\omega_2 = -\frac{1}{\sqrt{2}} + j\frac{1}{\sqrt{2}} \tag{6.17}$$

$$\overline{\omega}_2 = -\frac{1}{\sqrt{2}} - j\frac{1}{\sqrt{2}} \tag{6.18}$$

であることがわかる．式(6.12)の条件から，これらの解の中で$j\omega_1$と$j\omega_2$が伝達関数の極でなければならないことがわかる．したがって，伝達関数$T_2(s)$は

$$\begin{aligned}T_2(s) &= \frac{k}{\{s - j(\frac{1}{\sqrt{2}} + j\frac{1}{\sqrt{2}})\}\{s - j(-\frac{1}{\sqrt{2}} + j\frac{1}{\sqrt{2}})\}} \\ &= \frac{k}{s^2 + \sqrt{2} + 1}\end{aligned} \tag{6.19}$$

となる．

[問 6.1] 遮断角周波数が1rad/sの3次振幅最大平坦特性を示す伝達関数$T_3(s)$を求めよ．

6.2.3 周波数変換

式(6.4)で与えられる伝達関数は，$\alpha_p = \sqrt{2}$のとき，振幅特性が直流における値の$1/\sqrt{2}$倍となる角周波数が1rad/sに固定されている低域通過型の関数である．しかし，実際に必要となるフィルタは，遮断角周波数が1rad/sではなかったり，高域通過型や帯域通過型の場合もある．以下では，式(6.4)などのように，基準となる低域通過型関数から所望の特性の伝達関数を得る方法について述べる．

(1) 低域-低域通過変換 遮断角周波数が1rad/sの低域通過型伝達関数を基準低域通過型関数と呼び，これを$T_0(s)$とする．基準低域通過型伝達関数$T_0(s)$から，希望の遮断周波数の低域通過型伝達関数$T_L(s)$を導くには，$T_0(s)$のsを

$$s \to \frac{s}{\omega_C} \tag{6.20}$$

と置き換えれば良い．ただし，ω_Cは，希望の遮断周波数をf_Cとすると，$\omega_C = 2\pi f_C$である．この変換は，周波数軸をω_C倍拡張したことに相当している．こ

の変換を低域-低域通過変換と呼ぶ．低域-低域通過変換は周波数軸を伸縮させることから，周波数スケーリングと呼ばれることもある．低域-低域通過変換により，$T_L(s)$ は

$$T_L(s) = T_0\left(\frac{s}{\omega_C}\right) \tag{6.21}$$

となる．

（2） **低域-高域通過変換**

低域-低域通過変換と同様に，基準低域通過型伝達関数 $T_0(s)$ から，1rad/s の遮断角周波数を有する高域通過型伝達関数 $T_{H0}(s)$ を得るためには，$T_0(s)$ の s を

$$s \to \frac{1}{s} \tag{6.22}$$

と置き換えれば良い．この変換を低域-高域通過変換と呼ぶ．低域-高域通過変換により，$T_{H0}(s)$ が

$$T_{H0}(s) = T_0\left(\frac{1}{s}\right) \tag{6.23}$$

となる．さらに，低域-低域通過変換を行えば，遮断角周波数が ω_C となる高域通過型伝達関数 $T_H(s)$ として

$$T_H(s) = T_{H0}\left(\frac{s}{\omega_C}\right) \tag{6.24}$$

が得られる．

（3） **低域-帯域通過変換**　　基準低域通過型伝達関数 $T_0(s)$ から，希望の通過帯域を持つ帯域通過型伝達関数 $T_B(s)$ を得るためには，低域-低域通過変換と低域-高域通過変換を組み合わせればよい．すなわち，$T_0(s)$ の s を

$$s \to \frac{\omega_0}{\omega_b}\left(\frac{s}{\omega_0} + \frac{\omega_0}{s}\right) \tag{6.25}$$

と置き換える．この置き換えにより，$T_B(s)$ は

$$T_B(s) = T_0\left(\frac{\omega_0}{\omega_b}\left(\frac{s}{\omega_0} + \frac{\omega_0}{s}\right)\right) \tag{6.26}$$

となる．ただし，ω_0 は中心角周波数，ω_b は帯域幅である．なお，この変換により，フィルタの次数は倍になる．

【**例題 6.2**】　遮断周波数が 1kHz の低域通過型 2 次振幅最大平坦特性を示す伝達関数 $T_{2L}(s)$ と，遮断周波数が 1kHz の高域通過型 2 次振幅最大平

坦特性を示す伝達関数 $T_{2H}(s)$ を求めてみる．

例題 6.1 の $T_2(s)$ を低域-低域通過変換すればよいので，式 (6.20) から ω_C を

$$\omega_C = 2\pi \times 1 \times 10^3 \tag{6.27}$$

とすればよい．この ω_C と式 (6.20) を，$T_2(s)$ に代入すると，$T_{2L}(s)$ として

$$T_{2L}(s) = \frac{4\pi^2 \times 10^6 k}{s^2 + 2\sqrt{2}\pi \times 10^3 s + 4\pi^2 \times 10^6} \tag{6.28}$$

が得られる．また，$T_2(s)$ を低域-高域通過変換すれば

$$T_{2H0}(s) = \frac{ks^2}{s^2 + \sqrt{2}s + 1} \tag{6.29}$$

が得られる．$T_{2L}(s)$ を求めた場合と同様に，上記の ω_C と式 (6.20) を，$T_{2H0}(s)$ に代入すると

$$T_{2H}(s) = \frac{ks^2}{s^2 + 2\sqrt{2}\pi \times 10^3 s + 4\pi^2 \times 10^6} \tag{6.30}$$

が得られる．このことから，$T_{2L}(s)$ と $T_{2H}(s)$ とは分子多項式が異なるだけであることがわかる．

[問 6.2] 中心周波数 1kHz，帯域幅 0.45kHz の帯域通過型 4 次振幅最大平坦特性を示す伝達関数 $T_{4B}(s)$ を求めよ．

6.3 LC フィルタの構成

本節では，伝達関数が与えられた場合，その伝達関数からインダクタと容量，抵抗を用いてフィルタを構成する手法について述べる．

6.3.1 R-∞ 型構成

図 6.3 に示すように，2 端子対リアクタンス回路の端子対 1-1' を内部抵抗が R_1 である電圧源 V_{in} で駆動し，端子対 2-2' を開放としたときの電圧 V_2 を出力とする構成を **R-∞** 型構成と呼ぶ．リアクタンス回路部分の特性を，F 行列を用いて

$$\begin{bmatrix} V_1 \\ I_1 \end{bmatrix} = \begin{bmatrix} A & B \\ C & D \end{bmatrix} \begin{bmatrix} V_2 \\ \tilde{I}_2 \end{bmatrix} \tag{6.31}$$

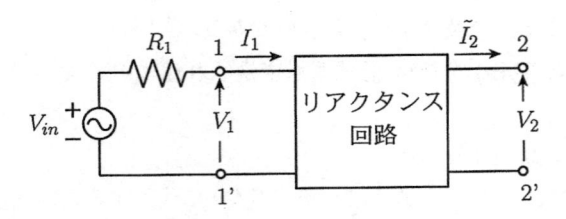

図 6.3 R-∞ 型構成

と表す。図 6.3 において

$$V_1 = V_{in} - R_1 I_1 \tag{6.32}$$

$$\tilde{I}_2 = 0 \tag{6.33}$$

が常に成り立つので，これを式 (6.31) に代入すると

$$V_{in} - R_1 I_1 = A V_2 \tag{6.34}$$

$$I_1 = C V_2 \tag{6.35}$$

を得る。したがって，フィルタの伝達関数 V_2/V_{in} は

$$\frac{V_2}{V_{in}} = \frac{1}{A + C R_1} \tag{6.36}$$

となる。

一方，与えられた伝達関数 $T(s)$ が

$$T(s) = \frac{k}{P(s)} \tag{6.37}$$

であるとする。ただし，$P(s)$ は s の多項式であり，フィルタが安定であるためには $P(s)$ はフルビッツ多項式でなければならない。ここでは，この $P(s)$ を

$$P(s) = P_e(s) + P_o(s) \tag{6.38}$$

と 2 個の多項式に分解する。ただし，$P_e(s)$ は s の偶多項式，$P_o(s)$ は s の奇多項式である。2 端子対リアクタンス回路の F パラメータ A は s の偶関数であり，C は奇関数であることから，A および $C R_1$ は

$$A = \frac{P_e(s)}{k} \tag{6.39}$$

$$C R_1 = \frac{P_o(s)}{k} \tag{6.40}$$

であることがわかる。さらに，2 端子対リアクタンス回路の Z パラメータ Z_{11}

6.3 LCフィルタの構成

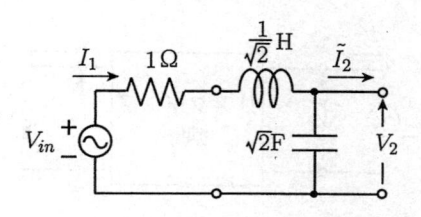

図 6.4 R-∞ 型フィルタの構成例

は，$\tilde{I}_2 = 0$ のとき

$$Z_{11} = \frac{A}{C} \tag{6.41}$$

であることから

$$Z_{11} = R_1 \frac{P_e(s)}{P_o(s)} \tag{6.42}$$

を得る．$P_e(s) + P_o(s)$ がフルビッツ多項式であり，R_1 が定数であるので，Z_{11} はリアクタンス関数であることがわかる．したがって，式 (6.42) を連分数展開すれば，図 6.3 のリアクタンス回路部分が得られ，R-∞ 型のフィルタを構成することができる．

【**例題 6.3**】 与えられた伝達関数 $T(s)$ が $T(s) = 1/(s^2 + \sqrt{2}s + 1)$ である場合に，R-∞ 型のフィルタを構成してみる．ただし，$R_1 = 1\Omega$ とする．

式 (6.42) より，Z_{11} は

$$Z_{11} = 1 \times \frac{s^2 + 1}{\sqrt{2}s} = \frac{1}{\sqrt{2}}s + \frac{1}{\sqrt{2}s} \tag{6.43}$$

となる．この式の右辺第 1 項は $1/\sqrt{2}$H のインダクタを，第 2 項は $\sqrt{2}$F の容量を表しているので，フィルタは図 6.4 となる．

次に，図 6.4 のフィルタの伝達関数が $T(s) = 1/(s^2 + \sqrt{2}s + 1)$ となっていることを確かめる．縦続行列を用いると，$V_{in}, I_1, V_2, \tilde{I}_2$ の関係は

$$\begin{bmatrix} V_{in} \\ I_1 \end{bmatrix} = \begin{bmatrix} 1 & 1 \\ 0 & 1 \end{bmatrix} \begin{bmatrix} 1 & \frac{1}{\sqrt{2}}s \\ 0 & 1 \end{bmatrix} \begin{bmatrix} 1 & 0 \\ \sqrt{2}s & 1 \end{bmatrix} \begin{bmatrix} V_2 \\ \tilde{I}_2 \end{bmatrix}$$

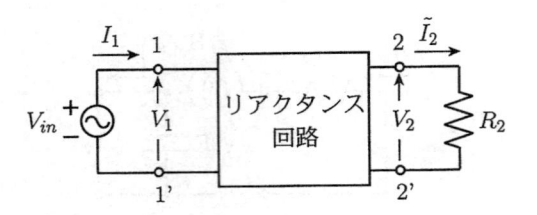

図 6.5 0-R 型フィルタの構成

$$
= \begin{bmatrix} 1 & 1+\dfrac{1}{\sqrt{2}}s \\ * & * \end{bmatrix} \begin{bmatrix} 1 & * \\ \sqrt{2}s & * \end{bmatrix} \begin{bmatrix} V_2 \\ \tilde{I}_2 \end{bmatrix}
$$

$$
= \begin{bmatrix} 1+\sqrt{2}s+s^2 & * \\ * & * \end{bmatrix} \begin{bmatrix} V_2 \\ \tilde{I}_2 \end{bmatrix} \tag{6.44}
$$

となる.ただし,*は計算が不要な行列要素を表している.図6.4では,$\tilde{I}_2 = 0$であるので,伝達関数 $T(s) = V_2/V_{in}$ は F パラメータ A の逆数であり,式 (6.44) から

$$
T(s) = \frac{V_2}{V_{in}} = \frac{1}{s^2+\sqrt{2}s+1} \tag{6.45}
$$

となる.この結果から,与えられた伝達関数を持つフィルタが得られていることがわかる.

[問 6.3] 遮断周波数が 1kHz となるように,伝達関数 $T(s) = 1/(s^2+\sqrt{2}s+1)$ を変換した場合,構成される R-∞ 型フィルタの素子値を求めよ.

6.3.2 0-R 型構成

図 6.5 に示すように,2 端子対リアクタンス回路の端子対 1-1' を内部抵抗が零である電圧源 V_{in} で駆動し,端子対 2-2' に抵抗 R_2 を加えたときの電圧 V_2 を出力とする構成を **0-R 型構成** と呼ぶ.R-∞ 型構成と同様に,F パラメータを用いて,入力電圧 V_{in} と出力電圧 V_2 の関係を求めると

$$
V_{in} = V_1 = AV_2 + B\tilde{I}_2 \tag{6.46}
$$

となる.図 6.5 から,$R_2\tilde{I}_2 = V_2$ であることがわかるので,フィルタの伝達関

6.3 LCフィルタの構成

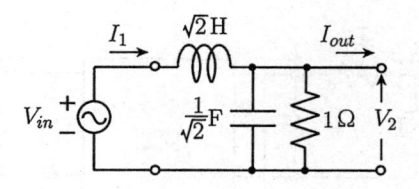

図6.6 0-R型フィルタの構成例

数 V_2/V_{in} は

$$\frac{V_2}{V_{in}} = \frac{1}{A + \dfrac{B}{R_2}} \tag{6.47}$$

となる.

一方, 2端子対リアクタンス回路のYパラメータ Y_{22} は, $V_{in}=0$ のとき

$$Y_{22} = \frac{A}{B} \tag{6.48}$$

であり, さらに, A が s の偶関数, B が s の奇関数であることから, A と B は

$$A = \frac{P_e(s)}{k} \tag{6.49}$$

$$B = \frac{P_o(s)}{k} R_2 \tag{6.50}$$

であることがわかる. したがって, Y_{22} は

$$Y_{22} = \frac{1}{R_2} \frac{P_e(s)}{P_o(s)} \tag{6.51}$$

となる. 式(6.42)の Z_{11} と同様の議論から, Y_{22} はリアクタンス関数であり, 式(6.51)を連分数展開すれば, 0-R型のフィルタを構成することができる.

【例題6.4】 R-∞型構成の場合と同じ伝達関数 $T(s) = 1/(s^2 + \sqrt{2}s + 1)$ に基づき, 0-R型のフィルタを構成してみる. ただし, $R_2 = 1\Omega$ とする.

式(6.51)より, Y_{22} は

$$Y_{22} = \frac{1}{R_2} \frac{s^2+1}{\sqrt{2}s} = \frac{1}{\sqrt{2}}s + \frac{1}{\sqrt{2}s} \tag{6.52}$$

となる. この式の右辺第1項は $1/\sqrt{2}$F の容量を, 第2項は $\sqrt{2}$H のインダクタを表しているので, フィルタは図6.6となる.

次に, 図6.6のフィルタの伝達関数が $T(s) = 1/(s^2 + \sqrt{2}s + 1)$ となっ

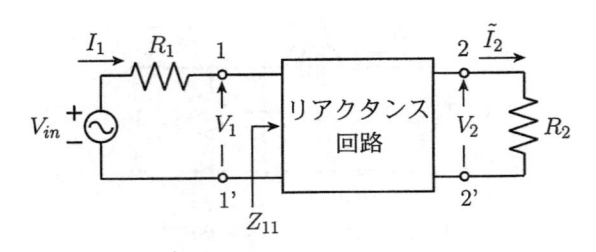

図6.7 R-R型構成

ていることを確かめる．縦続行列を用いると，V_{in}, I_1, V_2, I_{out}の関係は

$$\begin{bmatrix} V_{in} \\ I_1 \end{bmatrix} = \begin{bmatrix} 1 & \sqrt{2}s \\ 0 & 1 \end{bmatrix} \begin{bmatrix} 1 & 0 \\ \frac{1}{\sqrt{2}}s & 1 \end{bmatrix} \begin{bmatrix} 1 & 0 \\ 1 & 1 \end{bmatrix} \begin{bmatrix} V_2 \\ I_{out} \end{bmatrix}$$

$$= \begin{bmatrix} 1+s^2 & \sqrt{2}s \\ * & * \end{bmatrix} \begin{bmatrix} 1 & * \\ 1 & * \end{bmatrix} \begin{bmatrix} V_2 \\ I_{out} \end{bmatrix}$$

$$= \begin{bmatrix} 1+\sqrt{2}s+s^2 & * \\ * & * \end{bmatrix} \begin{bmatrix} V_2 \\ I_{out} \end{bmatrix} \quad (6.53)$$

となる．図6.6では，$I_{out} = 0$であるので，式(6.53)から伝達関数$T(s) = V_2/V_{in}$は

$$T(s) = \frac{V_2}{V_{in}} = \frac{1}{s^2 + \sqrt{2}s + 1} \quad (6.54)$$

となり，与えられた伝達関数を持つフィルタが得られていることがわかる．

[問6.4] 遮断角周波数が1rad/sの2次振幅最大平坦特性となる高域通過フィルタを0-R型構成により実現せよ．

6.3.3 R-R型構成

図6.7に示す，2端子対リアクタンス回路の端子対1-1'を内部抵抗がR_1である電圧源V_{in}で駆動し，端子対2-2'に抵抗R_2を加えたときの電圧V_2を出力とする構成を**R-R型構成**と呼ぶ．R-R型構成のフィルタは，しばしば**抵抗両終端型LC**フィルタと呼ばれる．抵抗両終端型LCフィルタは素子値の偏差に対して特性の偏差が極めて少ないフィルタであることが知られている．このよう

6.3 LCフィルタの構成

な特長を持つフィルタを「素子感度の低いフィルタ」という.ここでは,素子感度の低い抵抗両終端型 LC フィルタを構成するための条件について述べ,実際の構成手順についても説明する.

(1) 抵抗両終端型 LC フィルタの素子感度　抵抗両終端型 LC フィルタの素子感度が低いという性質は,抵抗両終端型 LC フィルタのリアクタンス回路が電力を消費しないことに基づいている.リアクタンス回路部分で消費される電力 P_L は,5.1.2項で述べたように,入射波と反射波を用いると

$$P_L = |a_1|^2 + |a_2|^2 - |b_1|^2 - |b_2|^2 \tag{6.55}$$

と表される.図 6.7に示す抵抗両終端型 LC フィルタでは,$I_2 = -\tilde{I}_2$ とすると

$$V_{in} = V_1 + R_1 I_1 \tag{6.56}$$

$$V_2 = -R_2 I_2 \tag{6.57}$$

が成り立つので,入射波 a_1,a_2 と反射波 b_2 は

$$a_1 = \frac{1}{2}\left(\frac{V_1}{\sqrt{R_1}} + \sqrt{R_1} I_1\right) = \frac{V_{in}}{2\sqrt{R_1}} \tag{6.58}$$

$$a_2 = \frac{1}{2}\left(\frac{V_2}{\sqrt{R_2}} + \sqrt{R_2} I_2\right) = 0 \tag{6.59}$$

$$b_2 = \frac{1}{2}\left(\frac{V_2}{\sqrt{R_2}} - \sqrt{R_2} I_2\right) = \frac{V_2}{\sqrt{R_2}} \tag{6.60}$$

となる.これらを式 (6.55)に代入すると

$$P_L = \frac{|V_{in}|^2}{4R_1} - |b_1|^2 - \frac{|V_2|^2}{R_2} \tag{6.61}$$

を得る.リアクタンス回路は電力を消費しないので P_L は常に零であり,また,$|b_1|^2$ は零以上であるから

$$\frac{|V_{in}|^2}{4R_1} \geq \frac{|V_2|^2}{R_2} \tag{6.62}$$

が成り立つことがわかる.さらに,この不等式を変形すると

$$\left|\frac{V_2}{V_{in}}\right|^2 \leq \frac{R_2}{4R_1} \tag{6.63}$$

という関係を得る.$|V_2/V_{in}|$ は伝達関数 $T(s)$ の絶対値であるから,伝達関数 $T(s)$ には

$$|T(s)| = \left|\frac{V_2}{V_{in}}\right| \leq \frac{1}{2}\sqrt{\frac{R_2}{R_1}} \tag{6.64}$$

という,回路構造から定まる制約が存在することがわかる.

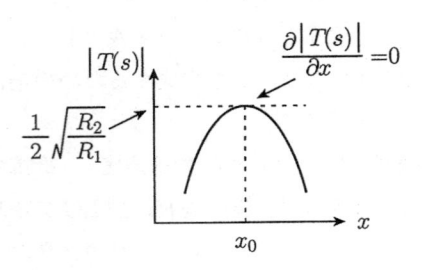

図 6.8 リアクタンス素子と伝達関数の関係

図 6.8 に示すように，適当な素子値 x_0，適当な角周波数 ω_0 において，式 (6.64) の等号が成り立ったと仮定しよう．この状況から，リアクタンス回路内のいずれの素子の値が増加しようが，減少しようが，式 (6.64) の不等式を満足しなければならないので，抵抗両終端型 LC フィルタの伝達関数の絶対値 $|T(s)|$ は必ず減少する．したがって，$T(s)$ が素子値の変化に対して滑らかに変化することを考えれば，任意のリアクタンス素子の値 x に関して

$$\left.\frac{\partial |T(s)|}{\partial x}\right|_{x=x_0, \omega=\omega_0} = 0 \tag{6.65}$$

が成り立つ．

次に，素子値の偏差が伝達関数に及ぼす影響について考えてみよう．素子値 x が Δx だけ偏差したときの $|T(s)|$ の偏差 ΔT は，近似的に

$$\Delta T = \frac{\partial |T(s)|}{\partial x} \Delta x \tag{6.66}$$

と与えられる．素子値 x_0，角周波数 ω_0 では，Δx の係数 $\partial |T(s)|/\partial x$ が零となるので，式 (6.66) から特性の偏差はほとんど起こらないことがわかる．このように，抵抗両終端型 LC フィルタでは，リアクタンス素子の素子値の偏差に対して，振幅特性 $|T(s)|$ の偏差が極めて少ない，安定した特性のフィルタを構成することができる[†]．

(2) 抵抗両終端型 LC フィルタの構成 伝達関数 $T(s) = V_2/V_{in}$ が与えられた場合に，その伝達関数を持つ抵抗両終端型 LC フィルタを構成する手

[†] 抵抗 R_1 と R_2 は振幅特性の上限値を決めているので，これらの素子に関して素子感度が低いという保証はない．

法について説明する．

リアクタンス回路で消費される電力は式 (6.55)で与えられ，リアクタンス回路は実際には電力を消費せず，さらに式 (6.59)から a_2 は常に零であるので

$$|a_1|^2 = |b_1|^2 + |b_2|^2 \tag{6.67}$$

が成り立つ．この式の両辺を $|a_1|^2$ で割り，式 (6.58)と式 (6.60)を代入すると

$$|S_{11}(s)|^2 + 4\frac{R_1}{R_2}|T(s)|^2 = 1 \tag{6.68}$$

を得る．ただし，$S_{11}(s)$ はリアクタンス回路のSパラメータの一つであり，$a_2 = 0$ のとき

$$S_{11}(s) = \frac{b_1}{a_1} \tag{6.69}$$

である．式 (6.68)から，$S_{11}(s)$ は

$$S_{11}(s) = \pm\sqrt{1 - 4\frac{R_1}{R_2}|T(s)|^2} \tag{6.70}$$

という式で与えられる s の有理関数である．また，b_1 が

$$b_1 = \frac{1}{2}\left(\frac{V_1}{\sqrt{R_1}} - \sqrt{R_1}I_1\right) \tag{6.71}$$

であり，a_1 が式 (6.58)であることから，$S_{11}(s)$ は

$$S_{11}(s) = \frac{Z_{11} - R_1}{Z_{11} + R_1} \tag{6.72}$$

と表すこともできる．ただし，Z_{11} は $Z_{11} = V_1/I_1$ であり，図6.7の端子対1-1'から右側を見込んだときのインピーダンスである．さらに，式 (6.70)および式 (6.72)から R_1 と $S_{11}(s)$ を用いて Z_{11} を表すと，Z_{11} は

$$Z_{11} = R_1\frac{1 \pm S_{11}(s)}{1 \mp S_{11}(s)} \tag{6.73}$$

となる．ただし，複号同順である．この Z_{11} を連分数展開を用いて展開し，リアクタンス回路部分を構成することにより，伝達関数 $T(s)$ を持つ抵抗両終端型LCフィルタを実現することができる．

以上から，伝達関数 $T(s)$ と抵抗 R_1 および R_2 が与えられれば，リアクタンス回路の端子対1-1'から見込んだインピーダンス Z_{11} が求められ，図6.7に示す抵抗両終端型LCフィルタを構成できることがわかる．

(3) 抵抗 R_1 と R_2 の決定方法

ここでは，$T(s)$ が低域通過型関数である場合に，抵抗 R_1 と R_2 の決定方法について考えてみる．

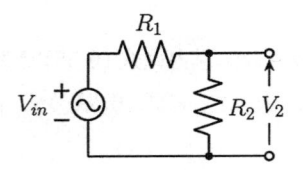

図 6.9 直流における抵抗両終端型低域通過 LC フィルタの等価回路

式 (6.65) に示される低素子感度性を実現するためには，式 (6.64) において等号が成り立たてばよい．等号が成り立つように R_1 と R_2 の値を決めるためには，伝達関数 $T(s)$ の性質を知らなければならない．一般に $T(s)$ は，直流でその絶対値が最大となる場合と，直流以外の通過帯域内において最大となる場合の 2 種類に分けることができる．直流で $T(s)$ の絶対値が最大となる場合は，直流で最大の電力が抵抗 R_2 に供給されるように R_1 と R_2 を決定すれば，式 (6.64) において等号が成り立ち，式 (6.65) に示される低素子感度性を実現することができる．直流では，すべてのインダクタが短絡，容量が開放となるので，低域通過型の伝達関数を有する抵抗両終端型 LC フィルタは図 6.9 となる．この場合に，抵抗 R_2 で消費される電力 P_2 は

$$P_2 = \frac{R_2 |V_{in}|^2}{(R_1 + R_2)^2} \tag{6.74}$$

であり，この式を変形すると

$$P_2 = \frac{|V_{in}|^2}{(\frac{R_1}{\sqrt{R_2}} - \sqrt{R_2})^2 + 4R_1} \tag{6.75}$$

となる．したがって，R_1 があらかじめ定まっているとき，最大の電力を供給するための条件は

$$R_2 = R_1 \tag{6.76}$$

であることがわかる．また，この条件が成り立つときの P_2 を P_{2max} とすると，P_{2max} は

$$P_{2max} = \frac{|V_{in}|^2}{4R_1} \tag{6.77}$$

である．

一方，図 6.10 に示す特性のように，直流以外の通過帯域内において $T(s)$ の

6.3 LCフィルタの構成

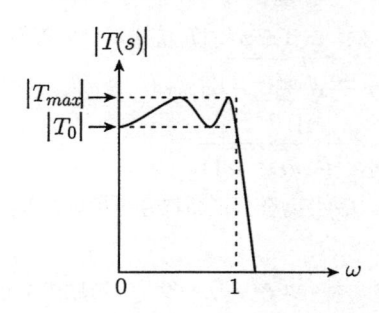

図 6.10 直流以外で振幅特性が最大となる例

絶対値が最大となる場合は，最大となる周波数で抵抗 R_2 に最大の電力が供給されなければならない．内部抵抗が R_1 である電圧源 V_{in} が供給できる最大の電力は式 (6.77) で与えられているとおりである．また，P_2 は

$$P_2 = \frac{|V_{out}|^2}{R_2} \tag{6.78}$$

と表すこともできるので，この式と式 (6.77) から，$T(s)$ の絶対値の最大値 $|T_{max}|$ は

$$|T_{max}|^2 = \frac{1}{4\phi} \tag{6.79}$$

となる．ただし，ϕ は

$$\phi = \frac{R_1}{R_2} \tag{6.80}$$

である．また，$T(s)$ から定まる定数である通過域内許容偏差 α_p を用いると，直流における $T(s)$ の絶対値 $|T_0|$ と $|T_{max}|$ は

$$|T_{max}| = \alpha_p |T_0| \tag{6.81}$$

という関係にある．抵抗 R_1 と R_2 を用いて，$|T_0|$ を表すと，図 6.9 から

$$|T_0| = \frac{R_2}{R_1 + R_2} \tag{6.82}$$

となる．したがって

$$4\phi = \frac{1}{|T_{max}|^2} \tag{6.83}$$

$$1 + \phi = \frac{\alpha_p}{|T_{max}|} \tag{6.84}$$

という関係式が得られる．これをϕと$|T_{max}|$について解くと

$$\phi = (\alpha_p \pm \sqrt{\alpha_p^2 - 1})^2 \tag{6.85}$$

$$|T_{max}| = \frac{1}{2(\alpha_p \pm \sqrt{\alpha_p^2 - 1})} \tag{6.86}$$

を得る．ただし，$R_1 > R_2$の場合，正の符号を用い，$R_1 < R_2$の場合，負の符号を用いる．

(4) インピーダンス・スケーリング　帯域内で最大の電力を供給しなければならないことから，抵抗R_1とR_2の比を決定することができたが，それらの値はまだ定まっていない．しかし，電圧伝達関数には次元が無いため，抵抗両終端型LCフィルタ内のすべての素子のインピーダンスを定数倍しても，電圧伝達関数は不変である．例えば，図6.9において，R_1とR_2をk倍したときの電圧伝達関数V_2/V_{in}は

$$\frac{V_2}{V_{in}} = \frac{kR_2}{kR_1 + kR_2} = \frac{R_2}{R_1 + R_2} \tag{6.87}$$

となり，k倍しない場合の電圧伝達関数と全く等しくなる．したがって，抵抗R_1やR_2の値として，初めは適当な値を選んでおき，必要ならば抵抗両終端型LCフィルタ内のすべての素子のインピーダンスを定数倍し，抵抗R_1とR_2を希望の値とすればよい．このように，すべての素子のインピーダンスを定数倍することをインピーダンス・スケーリングという．電圧伝達関数だけでなく，電流伝達関数などの次元の無い関数はすべてインピーダンス・スケーリングに対して不変な関数である．

【例題6.5】　与えられた伝達関数$T(s)$が$T(s) = 1/\{2(s^2 + \sqrt{2}s + 1)\}$である場合に，R-R型のフィルタを構成してみる．

この伝達関数の絶対値は，直流において最大となるので，$R_1 = R_2 = 1\Omega$とする．$S_{11}(s)$は

$$|S_{11}(s)|^2 = 1 - 4\frac{R_1}{R_2}|T(s)|^2 \tag{6.88}$$

であるので，この式に，$T(s) = 1/\{2(s^2 + \sqrt{2}s + 1)\}$と$s = j\omega$を代入す

ると
$$|S_{11}(j\omega)|^2 = 1 - \frac{1}{|(j\omega)^2 + \sqrt{2}(j\omega) + 1|^2}$$
$$= \frac{(1-\omega^2)^2 + 2\omega^2 - 1}{(1-\omega^2)^2 + 2\omega^2} = \frac{\omega^4}{1+\omega^4} \quad (6.89)$$
となる．さらに，$(j\omega)^2 = -\omega^2$ であるから，この式は
$$|S_{11}(j\omega)|^2 = \frac{(j\omega)^2(-j\omega)^2}{\{(j\omega)^2 + \sqrt{2}(j\omega) + 1\}\{(-j\omega)^2 + \sqrt{2}(-j\omega) + 1\}} \quad (6.90)$$
と因数分解することができる．一方，$|S_{11}(j\omega)|^2$ は
$$|S_{11}(j\omega)|^2 = S_{11}(j\omega)\overline{S_{11}(j\omega)} = S_{11}(j\omega)S_{11}(-j\omega) \quad (6.91)$$
と書き換えることができるので，$S_{11}x(j\omega)$ は
$$S_{11}x(j\omega) = \frac{\pm(j\omega)^2}{(j\omega)^2 + \sqrt{2}(j\omega) + 1} \quad (6.92)$$
となる．ここで，$s = j\omega$ の関係から，$S_{11}(j\omega)$ を再び s の関数に変換すると，$S_{11}(s)$ は
$$S_{11}(s) = \frac{\pm s^2}{s^2 + \sqrt{2}s + 1} \quad (6.93)$$
となる[†]．この結果に基づき，リアクタンス回路の端子対 1-1' から右側を見込んだときのインピーダンス Z_{11} を求めると，Z_{11} は
$$Z_{11} = R_1 \frac{1 \pm S_{11}(s)}{1 \mp S_{11}(s)} = \begin{cases} \dfrac{2s^2 + \sqrt{2}s + 1}{\sqrt{2}s + 1} \\ \text{または} \\ \dfrac{\sqrt{2}s + 1}{2s^2 + \sqrt{2}s + 1} \end{cases} \quad (6.94)$$
となる．

$Z_{11} = (2s^2 + \sqrt{2}s + 1)/(\sqrt{2}s + 1)$ のとき，Z_{11} は
$$Z_{11} = \sqrt{2}s + \frac{1}{\sqrt{2}s + 1} \quad (6.95)$$
と展開することができるので，抵抗両終端型 LC フィルタは図 6.11 となる．

次に，図 6.11 のフィルタの伝達関数が $T(s) = 1/\{2(s^2 + \sqrt{2}s + 1)\}$ となっていることを確かめる．縦続行列を用いると，V_{in}, I_1, V_2, I_{out} の関

[†] $S_{11}(s)$ の分母多項式と $T(s)$ の分母多項式は必ず一致するので，実際には $S_{11}(s)$ の分子多項式だけ求めればよい．

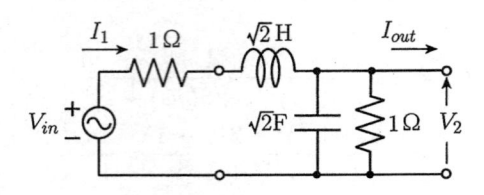

図 6.11 抵抗両終端型 LC フィルタの構成例

係は

$$\begin{bmatrix} V_{in} \\ I_1 \end{bmatrix} = \begin{bmatrix} 1 & 1+\sqrt{2}s \\ 0 & 1 \end{bmatrix} \begin{bmatrix} 1 & 0 \\ 1+\sqrt{2}s & 1 \end{bmatrix} \begin{bmatrix} V_2 \\ I_{out} \end{bmatrix}$$

$$= \begin{bmatrix} 1+(1+\sqrt{2}s)^2 & * \\ * & * \end{bmatrix} \begin{bmatrix} V_2 \\ I_{out} \end{bmatrix} \quad (6.96)$$

となる. $I_{out} = 0$ より, $T(s) = V_2/V_{in}$ が

$$T(s) = \frac{V_2}{V_{in}} = \frac{1}{1+(1+\sqrt{2}s)^2} = \frac{1}{2s^2 + 2\sqrt{2}s + 2} \quad (6.97)$$

となり, 与えられた伝達関数と一致していることがわかる.

[問 6.5] 上記の例題において, $Z_{11} = (\sqrt{2}s+1)/(2s^2+\sqrt{2}s+1)$ として, 抵抗両終端型 LC フィルタを構成せよ.

演 習 問 題

(1) 図 6.12 に示すフィルタの伝達関数 $T(s) = V_2/V_{in}$ を求め, さらに, 振幅特性 $|T(s)|$ の概略を図示せよ. ただし, $R_1 = R_2 = 1\Omega$, $C_1 = C_3 = 0.943\text{F}$, $C_2 = 0.0439\text{F}$, $L_2 = 1.89\text{H}$ とする.

(2) 伝達関数 $T(s)$ が
$$T(s) = \frac{k}{s + \omega_c}$$
であるとき, これに低域-帯域通過変換
$$s \to \frac{\omega_0}{\omega_b}\left(\frac{s}{\omega_0} + \frac{\omega_0}{s}\right)$$
を行う. ただし, $\omega_c = 1\text{rad/s}$ とする. この結果, 正の角周波数 1rad/s と負の角周波数 -1rad/s のそれぞれが変換されて得られる正の角周波数 ω_{c1} と ω_{c2} を, ω_0 と ω_b を用いて表せ. また, ω_{c1} と ω_{c2} の差はいくらか.

6.3 LCフィルタの構成

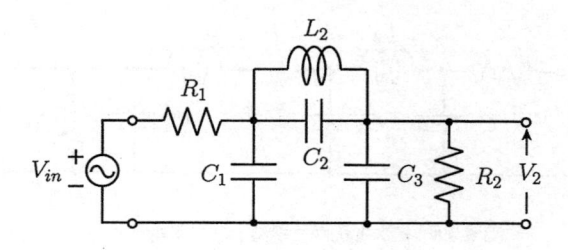

図 6.12 抵抗両終端型 LC フィルタ

(3) $\coth s$ は
$$\coth s = \frac{1}{s} + \cfrac{1}{\cfrac{3}{s} + \cfrac{1}{\cfrac{5}{s} + \cfrac{1}{\cfrac{7}{s} + \cdots}}}$$
と連分数展開することができる．この展開を有限項で打ち切り，得られる分母多項式と分子多項式の和を，新たに分母多項式とし，分子を定数とした伝達関数は，$\omega=0$ において遅延特性が最大平坦になることが知られている．この手順に従い，遅延最大平坦4次低域通過型伝達関数を求め，遅延最大平坦4次低域通過フィルタを 0-R 型および R-∞ 型構成により実現せよ．ただし，抵抗 R_1 や R_2 は 1Ω とする．

(4) 図 6.13 に示す n 次低域通過フィルタの特性が振幅最大平坦特性となる素子値は，通過域内許容偏差が α_p のときの角遮断周波数を ω_c，抵抗 R_1 と R_2 が等しいとして
$$C_1 = \frac{2\beta^{1/n} \sin\dfrac{\pi}{2n}}{\omega_c R_1}$$
$$L_i C_{i+1} \text{ または } C_i L_{i+1} = \frac{4\beta^{2/n} \sin\dfrac{(2i-1)\pi}{2n} \sin\dfrac{(2i+1)\pi}{2n}}{\omega_c^2}$$
という漸化式で与えられることが知られている．ただし，β は
$$\beta = \sqrt{\alpha_p^2 - 1}$$
である．以下の問に答えよ．

(a) $\alpha_p = \sqrt{2}$, $\omega_c = 1\mathrm{rad/s}$, $R_1 = 1\Omega$ として，この漸化式から得られる，3次最大平坦振幅特性抵抗両終端型 LC フィルタの各素子値を求めよ．

(b) (a) で得られた素子値から3次抵抗両終端型 LC フィルタの伝達関数を求め，問 6.1 で求めた3次最大平坦振幅特性の伝達関数と定数倍を除き一致することを確かめよ．

(5) 図 6.14 に示す R-∞ 型フィルタに関する以下の問に答えよ．

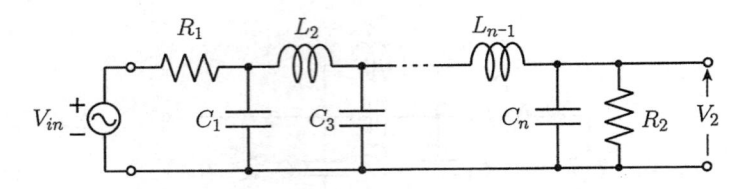

図 6.13　n 次抵抗両終端型 LC フィルタ

(a) 図 6.14 のフィルタの電圧伝達関数 $T(s) = \dfrac{V_2}{V_{in}}$ を求めよ．

(b) (a) で求めた電圧伝達関数を持つ 0-R 型フィルタを構成せよ．ただし，出力側の抵抗 R_2 を 1Ω とする．

(c) (a) で求めた電圧伝達関数 $T(s)$ の定数倍の伝達関数 $T_{R\text{-}R}(s)$ を持つ R-R 型フィルタを構成したい．

　i. R-R 型フィルタの入力側の抵抗を R_1，出力側の抵抗を R_2 としたとき，直流において抵抗 R_2 に最大の電力が供給されるためには，R_1 と R_2 の間にはどのような関係が必要か示せ．また，直流 ($s=0$) における $T_{R\text{-}R}(s)$ の値はいくらか．

　ii. $s = j\omega$ とし，$S_{11}(s)$ の絶対値の 2 乗 $|S_{11}(s)|^2$ を ω の関数として表せ．

　iii. $S_{11}(s)$ を s の関数として表せ．

　iv. $S_{11}(s)$ から R-R 型フィルタを構成し，回路構造および各素子の値を示せ．

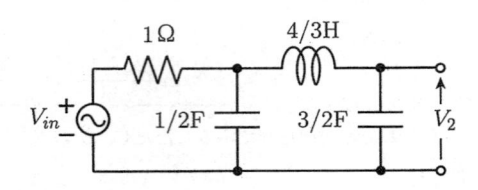

図 6.14　R-∞ 型フィルタ

(6) 電圧伝達関数が $T(s) = \dfrac{k}{s^2 + s + 1}$ であるフィルタの構成に関する以下の問に答えよ．ただし，k は正数である．

(a) $|T(s)|$ に $s = j\omega$ を代入して ω の関数としたとき，その最大値を k を用いて表せ．

(b) 電圧伝達関数 $T(s)$ を持つフィルタを図 6.15 の回路によって実現するとき，R_1 と R_2 を用いて k を表せ．

(c) 図 6.15 において,抵抗 R_2 に最大の電力を供給したとき,$|T(s)| = \sqrt{R_2/R_1}/2$ となることと,(a) と (b) で求めた結果から,抵抗 R_2 に最大の電力を供給するための k の値を定めよ.

(d) 抵抗 $R_1 = 1\Omega$ とし,(c) で求めた k の値を用いて,図 6.15 の各素子値を求めよ.

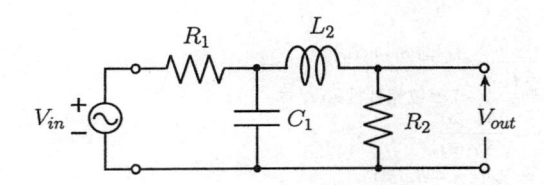

図 **6.15** 2 次 R-R 型フィルタ

(7) 演習問題 (6) の電圧伝達関数を $T(s) = \dfrac{k}{s^3 + 2s^2 + 2s + 1}$ に置き換えて,演習問題 (6) と同じ手順により,図 6.16 の各素子値を求めよ.

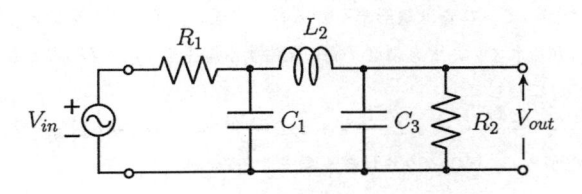

図 **6.16** 3 次 R-R 型フィルタ

問題解答

第1章

[問 1.1]　$K(j\omega)$ は
$$K(j\omega) = \frac{A_n(\omega)}{A_d(\omega)} e^{j\{\theta_n(\omega) - \theta_b(\omega)\}}$$
となるので，振幅特性 $A(\omega)$ と位相特性 $\theta(\omega)$ は
$$A(\omega) = \frac{A_n(\omega)}{A_d(\omega)}$$
$$\theta(\omega) = \theta_n(\omega) - \theta_d(\omega)$$
となる．

[問 1.2]　容量値を C とし，容量の端子間に電圧 V_{C1} が加わっているときに流れる電流を I_{C1}，V_{C2} のとき I_{C2} とすると，任意の定数 a_1 と a_2 に関して
$$C\frac{d(a_1 V_{C1} + a_2 V_{C2})}{dt} = a_1 C\frac{dV_{C1}}{dt} + a_2 C\frac{dV_{C2}}{dt} = a_1 I_{C1} + a_2 I_{C2}$$
が成り立つ．したがって，容量は線形素子である．同様に，インダクタンスを L とし，インダクタに電流 I_{L1} が流れているときに端子間に発生する電圧を V_{L1}，I_{L2} のとき V_{L2} とすると，任意の定数 a_1 と a_2 に関して
$$L\frac{d(a_1 I_{L1} + a_2 I_{L2})}{dt} = a_1 L\frac{dI_{L1}}{dt} + a_2 L\frac{dI_{L2}}{dt} = a_1 V_{L1} + a_2 V_{L2}$$
が成り立つ．したがって，インダクタは線形素子である．

[問 1.3]　値が零の電流源が開放，値が零の電圧源が短絡と等価であることに注意して重ね合わせの理を用いると，図 1.8(a) において，抵抗の端子間に発生する電圧 V_R は 1V，図 1.8(b) において，直流電流源の端子間に発生する電圧 V_I は 2V となる．

[問 1.4]　容量の電圧と電流を $V_C(t)$，$I_C(t)$ とし，$V_C(t)$ を時間 t_0 だけ遅らせた電圧は $V_C(t - t_0)$ であるから，この電圧を加えたときに容量を流れる電流は
$$C\frac{dV_C(t - t_0)}{dt} = C\frac{dV_C(x)}{dx} \cdot \frac{dx}{dt} = I_C(x)\frac{dx}{dt} = I_C(t - t_0)$$
となる．ただし，$x = t - t_0$ である．したがって，容量も時不変性を持つ素子である．

[問 1.5]　電流の実効値が $1/\sqrt{2}$A，角周波数が 2πrad/s であるので，インダクタに発生する電圧の複素表示は $j2\pi \times 1 \times \dfrac{1}{\sqrt{2}} = j\sqrt{2}\pi$V となる．

問 題 解 答　　　　　　　　　　153

[問 1.6]　題意より
$$\frac{V_f}{1+Z_0} = 1$$
$$\frac{V_f}{2+Z_0} = 0.75$$
が得られる．これらの式から V_f と Z_0 を求めると，$V_f = 3\mathrm{V}$, $Z_0 = 2\Omega$ となる．

演習問題解答

(1) (a) a_1 および a_2 を任意の定数とし，$a_1 f_1(t) + a_2 f_2(t)$ を入力すると
$$\frac{d^2\{a_1 f_1(t) + a_2 f_2(t)\}}{dt^2} = a_1 \frac{d^2 f_1(t)}{dt^2} + a_2 \frac{d^2 f_2(t)}{dt^2} = a_1 g_1(t) + a_2 g_2(t)$$
となるので線形である．
$x = t - t_0$ とし，$f(t-t_0)$ を入力として加えると
$$\frac{d^2 f(t-t_0)}{dt^2} = \frac{d}{dx}\left\{\frac{df(x)}{dx}\frac{dx}{dt}\right\}\frac{dx}{dt} = \frac{d^2 f(x)}{dx^2} = g(t-t_0)$$
となるので時不変である．以上から，線形時不変回路であることがわかる．

(b) a_1 および a_2 を任意の定数とし，$a_1 f_1(t) + a_2 f_2(t)$ を入力すると
$$e^{a_1 f_1(t) + a_2 f_2(t)} = e^{a_1 f_1(t)} e^{a_2 f_2(t)} = \{g_1(t)\}^{a_1}\{g_2(t)\}^{a_2}$$
$$\neq a_1 g_1(t) + a_2 g_2(t)$$
となるので線形ではない．
$f(t-t_0)$ を入力として加えると
$$e^{f(t-t_0)} = g(t-t_0)$$
となるので時不変である．

(c) a_1 および a_2 を任意の定数とし，$a_1 f_1(t) + a_2 f_2(t)$ を入力すると
$$t\{a_1 f_1(t) + a_2 f_2(t)\} = a_1\{t f_1(t)\} + a_2\{t f_2(t)\} = a_1 g_1(t) + a_2 g_2(t)$$
となるので線形である．
$f(t-t_0)$ を入力として加えると
$$t\{f(t-t_0)\} \neq g(t-t_0)$$
となるので時変である．

(2) (a) $x = t - t_0$ とおいて，$f(t-t_0)$ のフーリエ変換を求めると
$$\int_{-\infty}^{\infty} f(t-t_0) e^{-j\omega t} dt = \int_{-\infty}^{\infty} f(x) e^{-j\omega x} dt\, e^{-j\omega t_0} = F(j\omega) e^{-j\omega t_0}$$
となる．

(b) $|\omega| > \omega_C$ の場合は $K(j\omega)$ は零となり，$|\omega| < \omega_C$ の場合は (a) の結果から $K(j\omega) = Ae^{-j\omega t_0}$ となる．

(c) (b) の結果から $K(j\omega)$ の逆フーリエ変換は

$$k(t) = \frac{1}{2\pi}\int_{-\omega_C}^{\omega_C} Ae^{-j\omega t_0}e^{j\omega t}d\omega = \frac{A\sin\{\omega_C(t-t_0)\}}{\pi(t-t_0)}$$

となる．

(d) (c) で求めたインパルス応答は無限の過去から無限の未来まで続いている．例えば，$t = 0$ でインパルスを加えたとすると，(c) で求めたインパルス応答が出力に現れるが，(c) の結果は $t = 0$ 以前，すなわち入力を加える前から零でない出力が存在することになる．このため，因果関係が成り立たないので理想フィルタを実現することはできない．

(3) テブナンの定理を用いると，値が $R/2$ の抵抗を取り除いた図 1.16(c) の回路は，ある値の直流電圧源 E' とある値の内部抵抗 R_0 の直列回路と考えることができる．さらに，値が $R/2$ の抵抗を取り除いた図 1.16(d) の回路もある値の直流電圧源 E'' と図 1.16(c) と同じ値の内部抵抗 R_0 の直列回路と考えることができる．このことから，V_C および V_D は

$$V_C = \frac{\frac{R}{2}}{R_0 + \frac{R}{2}}E'$$

$$V_D = \frac{\frac{R}{2}}{R_0 + \frac{R}{2}}E''$$

となる．したがって，V_C が 1V，V_D が 2V であるので

$$E'' = 2E'$$

であることがわかる．次に，$R/2$ を取り除いた図 1.16(c) と (d) の回路がそれぞれ，E' と R_0 の直列回路，E'' と R_0 の直列回路と等価であることと重ね合わせの理から，図 1.16(b) の回路は E' と E''，R_0 の直列回路と等価であることがわかる．したがって

$$E' + E'' = 6\text{V}$$

が得られ，$E' = 2\text{V}$，$E'' = 4\text{V}$ となる．これらの値を用いると，抵抗 R と抵抗 R_0 の比は V_C と V_D の式から $R/2 : R_0 = 1 : 1$ となる．最後に，図 1.16(a) の回路が E' と E''，R_0，R の直列回路と等価であることから，V_A は

$$V_A = \frac{R}{R_0 + R}(E' + E'') = 4\text{V}$$

となる．

(4) (a) 抵抗値 R と抵抗値 R の二つの抵抗が直列接続されると，その抵抗値は $2R$ となる．また，抵抗値 $2R$ と抵抗値 $2R$ の二つの抵抗が並列接続されると，その抵抗値は R となる．図 1.17 では，抵抗値 R と抵抗値 R の二つの抵抗の直列接続と，抵抗値 $2R$ と抵抗値 $2R$ の二つの抵抗の並列接続が交互に繰り返される構造になっているので，V_1/I_1 は $2R$ となる．

(b) (a) の結果から，図 1.17 の V_2 の右側を見込んだ抵抗値は R となる．したがって，V_1 が抵抗値 R の抵抗二つによって分圧された電圧が V_2 であるので，V_1 の 1/2 倍となる．

(c) (b) の結果から，V_3 は V_2 の 1/2 倍であることがわかる．したがって，V_1 の 1/4 倍となる．

(d) (a) と (b) の結果から，V_n は V_1 の $(1/2)^{n-1}$ となる．

(5) (a) V_{in} を複素表示すると，$V_{in}(j\omega) = 100\text{V}$ である．このとき，容量の両端に現れる交流電圧 $V_C(j\omega)$ は

$$V_C(j\omega) = \frac{1}{1+j\omega CR} V_{in}(j\omega)$$

となる．これに，$V_{in}(j\omega) = 100\text{V}$, $R = 50\Omega$, $C = 100\mu\text{F}$, $\omega = 2\pi \times 50\text{rad/s}$ を代入すると

$$V_C(j\omega) = \frac{100}{1+j0.5\pi}$$

が得られる．実効値は，$V_C(j\omega)$ の絶対値であるから

$$|V_C(j\omega)| = \frac{100}{\sqrt{1+(0.5\pi)^2}} \simeq 53.7\text{V}$$

となる．また，容量を流れる交流電流 $I_C(j\omega)$ は

$$I_C(j\omega) = \frac{j\omega C}{1+j\omega CR} V_{in}(j\omega) = \frac{j\pi}{1+j0.5\pi}$$

であるので，実効値は

$$|I_C(j\omega)| = \frac{\pi}{\sqrt{1+(0.5\pi)^2}} \simeq 1.69\text{A}$$

となる．

(b) V_{in} と V_C の位相差や V_{in} と I_C の位相差は，V_{in} の位相が零であるから，V_C や I_C の位相を求めるだけでよい．V_C の位相は

$$\arg V_C(j\omega) = -\tan^{-1}(0.5\pi) \simeq -1.00\text{rad}$$

であり，I_C の位相は

$$\arg I_C(j\omega) = \frac{\pi}{2} - \tan^{-1}(0.5\pi) = 0.567\text{rad}$$

である．したがって，−57.5 度と 32.5 度となる．

(6) (a) I_E および V_E は
$$I_E = \frac{E}{\rho + R_L}$$
$$V_E = \frac{R_L E}{\rho + R_L}$$
である．また，I_J および V_J は
$$I_J = \frac{\rho J}{\rho + R_L}$$
$$V_J = \frac{R_L \rho J}{\rho + R_L}$$
である．これらの式を比較すると，$E = \rho J$ のとき，I_E と I_J および V_E と V_J が等しくなる．

(b) 電力 P_L は
$$P_L = V_E I_E = \frac{R_L E^2}{(\rho + R_L)^2} = \frac{E^2}{(\sqrt{R_L} - \frac{\rho}{\sqrt{R_L}})^2 + 4\rho} \leq \frac{E^2}{4\rho}$$
となる．したがって，P_L は，$R_L = \rho$ のとき最大となる．

(7) 素子値が x である素子が j 番目の節点と k 番目の節点に接続されているとすると，式 (1.66) は

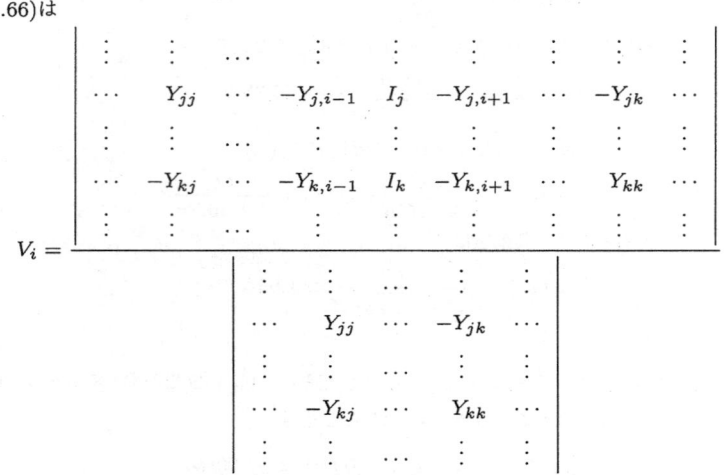

$$V_i = \frac{\begin{vmatrix} \vdots & \vdots & \vdots & \vdots & \vdots & \vdots & \vdots & \vdots \\ \cdots & Y_{jj} & \cdots & -Y_{j,i-1} & I_j & -Y_{j,i+1} & \cdots & -Y_{jk} & \cdots \\ \vdots & \vdots & \vdots & \vdots & \vdots & \vdots & \vdots & \vdots \\ \cdots & -Y_{kj} & \cdots & -Y_{k,i-1} & I_k & -Y_{k,i+1} & \cdots & Y_{kk} & \cdots \\ \vdots & \vdots & \vdots & \vdots & \vdots & \vdots & \vdots & \vdots \end{vmatrix}}{\begin{vmatrix} \vdots & \vdots & \vdots & \vdots \\ \cdots & Y_{jj} & \cdots & -Y_{jk} & \cdots \\ \vdots & \vdots & \vdots & \vdots \\ \cdots & -Y_{kj} & \cdots & Y_{kk} & \cdots \\ \vdots & \vdots & \vdots & \vdots \end{vmatrix}}$$

となる．ただし，$Y_{jj} = x + \hat{Y}_{jj}$, $Y_{jk} = x + \hat{Y}_{jk}$, $Y_{kj} = x + \hat{Y}_{kj}$, $Y_{kk} = x + \hat{Y}_{kk}$ であり，$\hat{Y}_{jj}$, $\hat{Y}_{jk}$, $\hat{Y}_{kj}$, $\hat{Y}_{kk}$ は，Y_{jj}, Y_{jk}, Y_{kj}, Y_{kk} から x を引いた残りのアドミタンスである．行列式において，ある行に別のある行を加えても，その値は変化しな

い．また，同様に，ある列に別のある列を加えても，行列式の値は変化しない．このことから，分子も分母も j 行を k 行に加えると，k 行にある x が消去でき，次に，j 列を k 列に加えると，k 列にある x が消去できる．この結果，x は j 行 j 列にしかないので，この行列式は x の 1 次式となる．したがって，V_i は x に関する双一次形式で表される．

(8) $V_{out}(j\omega)$ は

$$V_{out}(j\omega) = \left(\frac{1}{1+j\omega CR} - \frac{j\omega CR}{1+j\omega CR}\right) V_{in}(j\omega) = \frac{1-j\omega CR}{1+j\omega CR} V_{in}(j\omega)$$

となる．したがって，

$$\left|\frac{V_{out}(j\omega)}{V_{in}(j\omega)}\right| = \left|\frac{1-j\omega CR}{1+j\omega CR}\right| = 1$$

となる．

(9) 図 1.21 において，節点方程式を立てると

$$\frac{1}{R}(V_1 - V_{in}) + j\omega 2C V_1 + \frac{1}{R}(V_1 - V_{out}) = 0$$

$$j\omega C(V_2 - V_{in}) + \frac{2}{R}V_2 + j\omega C(V_2 - V_{out}) = 0$$

$$j\omega C(V_{out} - V_2) + \frac{1}{R}(V_{out} - V_1) = 0$$

となる．これを行列を用いて表すと

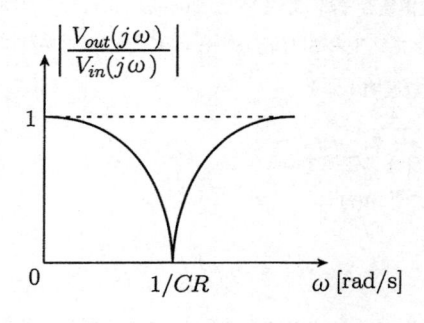

$$\begin{bmatrix} \frac{1}{R}V_{in} \\ j\omega C V_{in} \\ 0 \end{bmatrix} = \begin{bmatrix} 2(j\omega C + \frac{1}{R}) & 0 & -\frac{1}{R} \\ 0 & 2(j\omega C + \frac{1}{R}) & -j\omega C \\ -\frac{1}{R} & -j\omega C & (j\omega C + \frac{1}{R}) \end{bmatrix} \begin{bmatrix} V_1 \\ V_2 \\ V_{out} \end{bmatrix}$$

となる．この式に，Cramer の公式を用いると，$V_{out}(j\omega)/V_{in}(j\omega)$ が

$$\frac{V_{out}(j\omega)}{V_{in}(j\omega)} = \frac{1+(j\omega CR)^2}{1+j\omega 4CR+(j\omega CR)^2} V_{in}(j\omega)$$

であることがわかる．また，$|V_{out}(j\omega)/V_{in}(j\omega)|$ の概略は図 A.1 となる．

図 **A.1** Twin-T 回路の特性

第2章

[問 2.1]　図 A.2 となる．また，$t=1$ 秒のとき，$i(t) = (1-e^{-1})E/R \simeq 0.632\mathrm{A}$ であるので，約 63.2% となる．

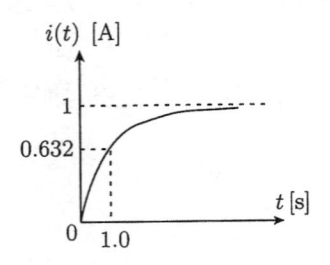

図 **A.2**　LR 回路の時間応答

[問 2.2]　まず，$h(t) = \{\cos(\omega_0 t) + j\sin(\omega_0 t)\}u(t) = e^{j\omega_0 t}u(t)$ のラプラス変換を行う．$h(t)$ のラプラス変換は

$$\int_0^\infty e^{j\omega_0 t}u(t)e^{-st}dt = \int_0^\infty e^{(j\omega_0 - s)t}dt$$

$$= \left[\frac{1}{j\omega_0 - s}e^{(j\omega_0 - s)t}\right]_0^\infty = 0 - \frac{1}{j\omega_0 - s}$$

$$= \frac{s + j\omega_0}{s^2 + \omega_0^2}$$

となる．ラプラス変換の線形性から，ラプラス変換前の実部はラプラス変換後も実部に，ラプラス変換前の虚部はラプラス変換後も虚部になるので，$\cos\omega_0 t \cdot u(t)$ のラプラス変換は $s/(s^2+\omega_0^2)$ であり，$\sin\omega_0 t \cdot u(t)$ のラプラス変換は $\omega_0/(s^2+\omega_0^2)$ であることがわかる．

[問 2.3]　$F(s)$ を部分分数展開すると

$$F(s) = \frac{1}{s+1} + \frac{2}{s+2}$$

となる．これを時間応答 $f(t)$ に変換すると

$$f(t) = (e^{-t} + 2e^{-2t})u(t)$$

となる．

演習問題解答

(1)　(a)　ラプラス変換と $\delta(t)$ の定義に基づき，$\delta(t)$ をラプラス変換すると

$$\int_0^\infty \delta(t)e^{-st}dt = \int_{-\infty}^\infty \delta(t)e^{-st}dt = e^0 = 1$$

となる.

(b) 部分積分を用いると, $t^{n-1}/(n-1)!$ のラプラス変換は

$$\int_0^\infty \frac{t^{n-1}}{(n-1)!}e^{-st}dt$$

$$= \left[\frac{-1}{s}\frac{t^{n-1}}{(n-1)!}e^{-st}\right]_0^\infty + \frac{1}{s}\int_0^\infty \frac{t^{n-2}}{(n-2)!}e^{-st}dt$$

$$= \frac{1}{s}\int_0^\infty \frac{t^{n-2}}{(n-2)!}e^{-st}dt$$

となる.したがって, $t^{n-1}/(n-1)!$ のラプラス変換は $t^{n-2}/(n-2)!$ のラプラス変換に $1/s$ を乗算すればよいことがわかる.これを繰り返し,また, $t^0/0!=1$ (すなわち, $u(t)$) のラプラス変換が $1/s$ であることから, $t^{n-1}/(n-1)!$ のラプラス変換が $1/s^n$ であることがわかる.

(c) ラプラス変換の原点の移動に関する性質と (b) の結果から

$$\mathcal{L}[f(t)] = \frac{1}{(s+a)^n}$$

となる.

(d) $f(t)$ は

$$f(t) = a\sum_{i=0}^\infty u(t-iT)$$

と表すことができる.また, $u(t-iT)$ のラプラス変換が e^{-siT}/s であるから, $f(t)$ のラプラス変換は

$$a\sum_{i=0}^\infty \frac{1}{s}e^{-siT} = \frac{a}{s}\frac{1}{1-e^{-sT}}$$

となる.

(e) $f(t)$ は

$$f(t) = \sum_{i=0}^\infty a^i\{u(t-iT) - u(t-(i+1)T)\}$$

$$= \left\{\sum_{i=0}^\infty a^i u(t-iT)\right\} - \left\{\sum_{i=0}^\infty a^i u(t-(i+1)T)\right\}$$

と表すことができる．また，$a^i u(t-iT)$ のラプラス変換が $a^i e^{-siT}/s$ であるから，$f(t)$ のラプラス変換は

$$\left\{\sum_{i=0}^{\infty} \frac{1}{s} a^i e^{-siT}\right\} - \left\{\sum_{i=0}^{\infty} \frac{1}{s} a^i e^{-s(i+1)T}\right\}$$
$$= \frac{1}{s} \cdot \frac{1}{1-ae^{-sT}} - \frac{1}{s} \cdot \frac{e^{-st}}{1-ae^{-sT}}$$
$$= \frac{1}{s} \cdot \frac{1-e^{-st}}{1-ae^{-sT}}$$

となる．

(f) $f(t)$ から時間 iT 遅れた波形のラプラス変換が $F(s)e^{-siT}$ であるので，$f(t)$ の繰り返し波形のラプラス変換は

$$\sum_{i=0}^{\infty} F(s)e^{-siT} = \frac{F(s)}{1-e^{-sT}}$$

となる．

(2) $i=1$ のとき，$\pounds[df(t)/dt] = sF(s) - f(0_-)$ より，関係式は成り立つ．$i=k$ のとき

$$\pounds\left[\frac{d^k f(t)}{dt^k}\right] = s^k F(s) - s^{k-1}f(0_-) - s^{k-2}f^{(1)}(0_-) - \cdots - f^{(k-1)}(0_-)$$

が成り立つとすると，$i=k+1$ のとき

$$\pounds\left[\frac{d^{k+1}f(t)}{dt^{k+1}}\right] = \pounds\left[\frac{d}{dt}\frac{d^k f(t)}{dt^k}\right]$$
$$= s\{s^k F(s) - s^{k-1}f(0_-) - s^{k-2}f^{(1)}(0_-) -$$
$$\cdots - f^{(k-1)}(0_-)\} - f^{(k)}(0_-)$$
$$= s^{k+1}F(s) - s^k f(0_-) - s^{k-1}f^{(1)}(0_-) -$$
$$\cdots - sf^{(k-1)}(0_-) - f^{(k)}(0_-)$$

が成り立つ．したがって，任意の i について，

$$\pounds\left[\frac{d^i f(t)}{dt^i}\right] = s^i F(s) - s^{i-1}f(0_-) - s^{i-2}f^{(1)}(0_-) - \cdots - f^{(i-1)}(0_-)$$

が成り立つ．

(3) (a) $f(t)$ のラプラス変換を $F(s)$ とし，微分方程式の両辺をラプラス変換すると

$$s^2 F(s) + 5sF(s) + 6F(s) = \frac{6}{s}$$

となる．この式から，$F(s)$ が

$$F(s) = \frac{6}{s(s+2)(s+3)} = \frac{1}{s} + \frac{-3}{s+2} + \frac{2}{s+3}$$

と得られる．したがって，$f(t)$ は

$$f(t) = (1 - 3e^{-2t} + 2e^{-3t})u(t)$$

となる．

(b) $f(t)$ のラプラス変換を $F(s)$ とし，微分方程式の両辺をラプラス変換すると

$$s^2 F(s) + 7sF(s) + 12F(s) = \frac{84}{s}$$

となる．この式から，$F(s)$ が

$$F(s) = \frac{84}{s(s+3)(s+4)} = \frac{7}{s} + \frac{-28}{s+3} + \frac{21}{s+4}$$

と得られる．したがって，$f(t)$ は

$$f(t) = (7 - 28e^{-3t} + 21e^{-4t})u(t)$$

となる．

(c) $f(t)$ のラプラス変換を $F(s)$ とし，微分方程式の両辺をラプラス変換すると

$$2s^2 F(s) + 7sF(s) + 3F(s) = \frac{15}{s}$$

となる．この式から，$F(s)$ が

$$F(s) = \frac{15}{s(2s+1)(s+3)} = \frac{5}{s} + \frac{-12}{2s+1} + \frac{1}{s+3}$$

と得られる．したがって，$f(t)$ は

$$f(t) = (5 - 6e^{-t/2} + e^{-3t})u(t)$$

となる．

(d) $f(t)$ のラプラス変換を $F(s)$ とし，微分方程式の両辺をラプラス変換すると

$$\{s^2 F(s) - s\} + 6\{sF(s) - 1\} + 8F(s) = \frac{8}{s}$$

となる．この式から，$F(s)$ が

$$F(s) = \frac{1}{s}$$

と得られる．したがって，$f(t)$ は

$$f(t) = u(t)$$

となる．

(e) $f(t)$ のラプラス変換を $F(s)$ とし，微分方程式の両辺をラプラス変換すると

$$s^3 F(s) + 6s^2 F(s) + 11sF(s) + 6F(s) = 2$$

となる．この式から，$F(s)$ が

$$F(s) = \frac{2}{(s+1)(s+2)(s+3)} = \frac{1}{s+1} + \frac{-2}{s+2} + \frac{1}{s+3}$$

と得られる．したがって，$f(t)$ は

$$f(t) = (e^{-t} - 2e^{-2t} + e^{-3t})u(t)$$

となる．

(f) $f(t)$ のラプラス変換を $F(s)$ とし，微分方程式の両辺をラプラス変換すると

$$s^3 F(s) + 4s^2 F(s) + 5s F(s) + 2F(s) = 1$$

となる．この式から，$F(s)$ が

$$F(s) = \frac{1}{(s+1)^2(s+2)} = \frac{-1}{s+1} + \frac{1}{(s+1)^2} + \frac{1}{s+2}$$

と得られる．したがって，$f(t)$ は

$$f(t) = (-e^{-t} + te^{-t} + e^{-2t})u(t)$$

となる．

(4) $df(t)/dt$ のラプラス変換が $sF(s) - f(0_-)$ であり，また，ラプラス変換の定義から

$$\mathcal{L}\left[\frac{df(t)}{dt}\right] = \int_0^\infty \frac{df(t)}{dt} e^{-st} dt$$

でもある．この式において，$s \to \infty$ とすると，右辺は零となるので

$$\lim_{s \to \infty} \{sF(s) - f(0_-)\} = 0$$

が得られる．したがって

$$\lim_{s \to \infty} sF(s) = f(0_-)$$

が成り立つ．

一方，$\mathcal{L}[df(t)/dt]$ において，$s \to 0$ とすると

$$\lim_{s \to 0} \int_0^\infty \frac{df(t)}{dt} e^{-st} dt = \int_0^\infty \frac{df(t)}{dt} dt = f(\infty) - f(0_-)$$

となる．この式は

$$\mathcal{L}\left[\frac{df(t)}{dt}\right] = \lim_{s \to 0} \{sF(s) - f(0_-)\}$$

と表すこともできるので，これらの式を比較すると

$$\lim_{s \to 0} sF(s) = f(\infty)$$

が成り立つことがわかる．

(5) $f(t)$ を，$f(t)$ から跳びを取り去った関数 $g(t)$ とステップ関数により
$$f(t) = g(t) + \Delta_1 u(t - t_1)$$
と表す．この両辺をラプラス変換すると
$$F(s) = G(s) + \frac{\Delta_1}{s} e^{-t_1 s}$$
となる．したがって
$$G(s) = F(s) - \frac{\Delta_1}{s} e^{-t_1 s}$$
である．また，$dg(t)/dt$ のラプラス変換は
$$\mathcal{L}\left[\frac{dg(t)}{dt}\right] = sG(s) - g(0_-)$$
であり，$g(t)$ は，$f(t)$ から跳びを取り去っただけであるので
$$\mathcal{L}\left[\frac{dg(t)}{dt}\right] = \mathcal{L}\left[\frac{df(t)}{dt}\right]$$
$$g(0_-) = f(0_-)$$
が成り立つ．したがって，$\mathcal{L}[df(t)/dt]$ は
$$\mathcal{L}\left[\frac{df(t)}{dt}\right] = \mathcal{L}\left[\frac{dg(t)}{dt}\right] = sG(s) - g(0_-)$$
$$= s\left\{F(s) - \frac{\Delta_1}{s} e^{-t_1 s}\right\} - f(0_-) = sF(s) - f(0_-) - \Delta_1 e^{-t_1 s}$$
となる．

(6) $\sin \omega_0 t \cdot u(t)$ のラプラス変換は $\omega_0/(s^2 + \omega_0^2)$ であるから
$$(R + sL)I(s) = \frac{V_m \omega_0}{s^2 + \omega_0^2}$$
が得られる．これより，$i(t)$ のラプラス変換である $I(s)$ は
$$I(s) = \frac{V_m \omega_0}{(sL + R)(s^2 + \omega_0^2)} = \frac{V_m \omega_0}{\omega_0^2 L^2 + R^2} \left\{\frac{L^2}{sL + R} + \frac{-sL + R}{s^2 + \omega_0^2}\right\}$$
となる．$e^{-at} u(t)$ のラプラス変換が $1/(s+a)$，$\cos \omega_0 t \cdot u(t)$ のラプラス変換が $s/(s^2 + \omega_0^2)$ であるから，$i(t)$ は
$$i(t) = \left\{\frac{\omega_0 L V_m}{\omega_0^2 L^2 + R^2} e^{-(R/L)t} - \frac{\omega_0 L V_m}{\omega_0^2 L^2 + R^2} \cos \omega_0 t + \frac{R V_m}{\omega_0^2 L^2 + R^2} \sin \omega_0 t\right\} u(t)$$
となる．

(7) (a) 抵抗 R と容量 C を流れる電流は等しいので
$$\frac{V_{in}(t) - V_{out}(t)}{R} = C \frac{dV_{out}(t)}{dt}$$
が得られる．これをラプラス変換すると
$$\frac{V_{in}(s) - V_{out}(s)}{R} = C\{sV_{out}(s) - V_{out}(0_-)\}$$
となる．$V_{out}(0_-) = 0$ であるから，$V_{out}(s)$ は
$$V_{out}(s) = \frac{V_{in}(s)}{sCR + 1}$$

となる．$V_{in}(t)$ はステップ入力であるので，そのラプラス変換は $1/s$ となり，それぞれの数値を代入すると，$V_{out}(s)$ として

$$V_{out}(s) = \frac{1}{s(s+1)} = \frac{1}{s} - \frac{1}{s+1}$$

が得られる．これより，$V_{out}(t)$ は

$$V_{out}(t) = (1 - e^{-t})u(t)$$

となる．

(b) (a) において，$V_{out}(0_-) = 0.5$ とすると，$V_{out}(s)$ は

$$V_{out}(s) = \frac{s+2}{2s(s+1)} = \frac{1}{s} - \frac{1}{2(s+1)}$$

となるので，$V_{out}(t)$ は

$$V_{out}(t) = \left(1 - \frac{1}{2}e^{-t}\right)u(t)$$

となる．

(c) 図 2.12(b) の入力は，図 2.12(a) の入力と，この入力が -1 倍され，時間 t_1 だけ遅れて加えた入力の和と考えることができる．したがって，(a) の結果と回路の線形性および時不変性から，$V_{out}(t)$ は

$$V_{out}(t) = (1 - e^{-t})u(t) - (1 - e^{-(t-t_1)})u(t - t_1)$$

となる．

(d) t が 1s よりも十分短いとき，e^{-t} は

$$e^{-t} \simeq 1 - t$$

と近似することができる．また，$t - t_1$ が 1s よりも十分短ければ

$$e^{-(t-t_1)} \simeq 1 - t + t_1$$

と近似できる．したがって，$t_1 = 0.01$s のとき，t_1 近傍の時刻では，$V_{out}(t)$ は

$$V_{out}(t) \simeq tu(t) - (t - t_1)u(t - t_1)$$

となる．以上から，図 A.3(a) が得られる．

一方，t が 1s よりも十分長いとき，e^{-t} は零と近似でき，$t = 0$s 近傍では $V_{out}(t)$ は

$$V_{out}(t) \simeq u(t)$$

となる．$e^{-(t-t_1)}$ も $t-t_1$ が 1s よりも十分大きい時刻では零と近似してよい．したがって，$t-t_1$ が 1s よりも十分大きい時刻では $V_{out}(t)$ は

$$V_{out}(t) \simeq u(t) - u(t-t_1)$$

となる．以上から，図 A.3(b) が得られる．

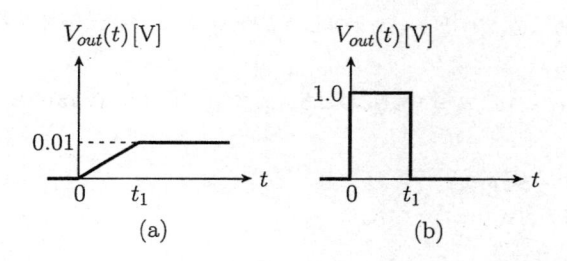

図 A.3 RC 回路の時間応答

(8) (a) インダクタ L を流れる初期電流と容量 C に加わる初期電圧はともに零であり，$V_{in}(t)$ として $u(t)$ (大きさ 1.0V のステップ関数) を加えたので，$I_{in}(s)$ は

$$I_{in}(s) = \cfrac{1}{R+\cfrac{sL}{s^2LC+1}} V_{in}(s) = \frac{s^2LC+1}{s^2LCR+sL+R} \cdot \frac{1}{s}$$

$$= \frac{1}{sR} - \frac{\cfrac{L}{R}}{s^2LCR+sL+R}$$

となる．この式に各素子の値を代入すると

$$I_{in}(s) = \frac{1}{s} - \frac{2}{\sqrt{3}} \cdot \frac{\cfrac{\sqrt{3}}{2}}{(s+\cfrac{1}{2})^2 + \cfrac{3}{4}}$$

を得る．これを逆ラプラス変換して時間応答 $I_{in}(t)$ を求めると

$$I_{in}(t) = \left(1 - \frac{2}{\sqrt{3}} e^{-t/2} \sin \frac{\sqrt{3}t}{2}\right) u(t)$$

となる．

(b) インダクタ L を流れる初期電流と容量 C に加わる初期電圧はともに零であるので，出力 $V_{out}(t)$ のラプラス変換 $V_{out}(s)$ は

$$V_{out}(s) = \frac{sL}{s^2LCR+sL+R} V_{in}(s)$$

となる．定常状態を考えているので，$s = j\omega$ とし，各素子の値を代入すると
$$V_{out}(s) = \frac{j\omega}{-\omega^2 + j\omega + 1} V_{in}(s)$$
となる．ここで，ω は 1rad/s であるから
$$V_{out}(s) = V_{in}(s)$$
となり，$V_{out}(t)$ と $V_{in}(t)$ が等しいことがわかる．したがって，$V_{out}(t)$ の振幅は $V_m = 1$V となる．

(9) $L = 1$H，$C = 1$F，$\omega = 1$rad/s のとき，式 (2.15) および式 (2.16) から
$$\sin\theta = 0$$
$$\cos\theta = 1$$
であり，また，式 (2.17) から I_m は
$$I_m = \frac{V_m}{R}$$
である．

まず，$R = 4\Omega$ のとき，式 (2.20) を満足する p は実数であり，式 (2.23) の p_1 と p_2 は
$$p_1 = -2 - \sqrt{3}$$
$$p_2 = -2 + \sqrt{3}$$
である．これらから，$i(t)$ は
$$i(t) = I_1 e^{-(2+\sqrt{3})t} + I_2 e^{-(2-\sqrt{3})t} + I_m \sin t$$
となる．$i(0) = 0$ であることから，I_1 と I_2 は
$$I_1 + I_2 = 0$$
を満足しなければならない．また，容量の両端の電圧 $V_C(t)$ は
$$V_C(t) = V_m \sin\omega t - Ri(t) - L\frac{di(t)}{dt}$$
であり，$t = 0$ のとき，$V_C(t) = 0$ および $i(t) = 0$ という条件から
$$\left.\frac{di(t)}{dt}\right|_{t=0} = 0$$
でなければならない．このことから
$$-(2 + \sqrt{3})I_1 - (2 - \sqrt{3})I_2 + I_m = 0$$
を得る．$R = 4\Omega$ のとき I_m は 1/4 であるから，I_1 と I_2 に関する方程式に数値を代入すると
$$I_1 = \frac{1}{8\sqrt{3}}$$
$$I_2 = \frac{-1}{8\sqrt{3}}$$
となる．したがって，$i(t)$ は
$$i(t) = \frac{1}{8\sqrt{3}} e^{-(2+\sqrt{3})t} - \frac{1}{8\sqrt{3}} e^{-(2-\sqrt{3})t} + \frac{1}{4}\sin t$$

となる.

次に，$R = 2\Omega$ のとき，式 (2.20) を満足する p は重解であり，$p = -1$ である．この場合，$i(t)$ は
$$i(t) = I_{01}e^{-t} + I_{02}te^{-t} + I_m \sin t$$
となる．$i(0) = 0$ であることから，I_{01} が零であることがわかる．また，$t = 0$ のとき，$V_C(t) = 0$ および $i(t) = 0$ という条件から $di(t)/dt|_{t=0} = 0$ でなければならないので
$$I_{02} + I_m = 0$$
を得る．$R = 2\Omega$ のとき I_m は $1/2$ であるから，$i(t)$ は
$$i(t) = -\frac{1}{2}te^{-t} + \frac{1}{2}\sin t$$
となる．

最後に，$R = 1\Omega$ のとき，式 (2.20) を満足する p は複素解であり，$\sigma_0 = 1/2$, $\omega_0 = \sqrt{3}/2$ である．この場合，$i(t)$ は
$$i(t) = 2\left(I_{ar}\cos\frac{\sqrt{3}}{2}t - I_{ai}\sin\frac{\sqrt{3}}{2}t\right)e^{-(1/2)t} + I_m \sin t$$
となる．$i(0) = 0$ であることから，I_{ar} が零であることがわかる．また，$t = 0$ のとき，$V_C(t) = 0$ および $i(t) = 0$ という条件から $di(t)/dt|_{t=0} = 0$ でなければならないので
$$-\sqrt{3}I_{ai} + I_m = 0$$
を得る．$R = 1\Omega$ のとき I_m は 1 であるから，$i(t)$ は
$$i(t) = \frac{-2}{\sqrt{3}}\sin\frac{\sqrt{3}}{2}t \cdot e^{-(1/2)t} + \sin t$$
となる．

第3章

[問 3.1]　抵抗 R と容量 C, インダクタ L の並列回路の駆動点アドミタンスは
$$\frac{1}{R} + j\omega C + \frac{1}{j\omega L} = \frac{j\omega L - \omega^2 LCR + R}{j\omega LR}$$
であるので，その実部は
$$\mathrm{Re}\left[\frac{j\omega L - \omega^2 LCR + R}{j\omega LR}\right] = \frac{1}{R} \geq 0$$
となる．一方，この並列回路の駆動点インピーダンスは
$$\frac{j\omega LR}{j\omega L - \omega^2 LCR + R} = \frac{j\omega LR\{R(1 - \omega^2 LC) - j\omega L\}}{R^2(1 - \omega^2 LC)^2 + \omega^2 L^2}$$
であるので，その実部は
$$\mathrm{Re}\left[\frac{j\omega LR\{R(1 - \omega^2 LC) - j\omega L\}}{R^2(1 - \omega^2 LC)^2 + \omega^2 L^2}\right] = \frac{\omega^2 L^2 R}{R^2(1 - \omega^2 LC)^2 + \omega^2 L^2} \geq 0$$
となる．

[問 3.2]　抵抗 R と容量 C, インダクタ L の直列回路の駆動点インピーダンス $Z(s)$ は
$$Z(s) = R + \frac{1}{sC} + sL$$

である．この式に $s = \sigma + j\omega$ を代入すると
$$Z(\sigma + j\omega) = R + \frac{1}{(\sigma + j\omega)C} + (\sigma + j\omega)L$$
$$= R + \frac{\sigma - j\omega}{(\sigma^2 + \omega^2)C} + (\sigma + j\omega)L$$
となる．これより，$\sigma > 0$ のとき $Z(s)$ の実部は
$$\mathrm{Re}[Z(\sigma + j\omega)] = R + \frac{\sigma}{(\sigma^2 + \omega^2)C} + \sigma L \geq 0$$
であることがわかる．

[問 3.3] $1/(s-1)$ に $s = \sigma + j\omega$ を代入すると
$$\frac{1}{s-1} = \frac{1}{\sigma + j\omega - 1} = \frac{\sigma - 1 - j\omega}{(\sigma - 1)^2 + \omega^2}$$
となる．この実部は
$$\mathrm{Re}\left[\frac{1}{s-1}\right] = \frac{\sigma - 1}{(\sigma - 1)^2 + \omega^2}$$
であるから，σ が正でも，$\sigma < 1$ のとき負となるので，$1/(s-1)$ は正実関数ではない．

[問 3.4] $1/s^2$ に $s = \sigma + j\omega$ を代入すると
$$\frac{1}{s^2} = \frac{1}{(\sigma + j\omega)^2} = \frac{(\sigma - j\omega)^2}{(\sigma^2 + \omega^2)^2}$$
となる．この実部は
$$\mathrm{Re}\left[\frac{1}{s^2}\right] = \frac{\sigma^2 - \omega^2}{(\sigma^2 + \omega^2)^2}$$
であるから，σ が正でも，$\sigma < \omega$ のとき負となるので，$1/s^2$ は正実関数ではない．

[問 3.5] 多項式 $P(s)$ は $P(s) = (s+2)(s^2 - s + 3)$ と因数分解できる．$s^2 - s + 3 = 0$ は実部が正の解を持つので，$P(s)$ はフルビッツ多項式ではない．

[問 3.6] 式 (3.85) から，$s \to \infty$ のとき，$T = 0$ ならば $Z_{LC}(s)$ は零となる．また，$T \neq 0$ ならば，$Z_{LC}(s)$ は無限大となる．駆動点アドミタンスについても同様である．

[問 3.7] $\sigma \to 0$ のとき
$$\lim_{\sigma \to 0} B(\sigma, \omega) = B(\omega) = \frac{-1}{X(\omega)}$$
であることは明らか．この式から $\partial B(\omega)/\partial \omega$ を求めると
$$\frac{\partial B(\omega)}{\partial \omega} = \frac{\partial B(\omega)}{\partial X(\omega)} \frac{\partial X(\omega)}{\partial \omega} = \frac{1}{X(\omega)^2} \frac{\partial X(\omega)}{\partial \omega}$$
となる．$1/X(\omega)^2 > 0$ および $\partial X(\omega)/\partial \omega > 0$ より $\partial B(\omega)/\partial \omega > 0$ であることがわかる．

[問 3.8] $P_h(s) = (s+1)(s+2)(s+3)$ の偶数次の項と奇数次の項だけからなる多項式の比を求めると
$$\frac{s^3 + 11s}{6s^2 + 6} = \frac{s(s^2 + 11)}{6(s^2 + 1)}$$
となり，$s = 0$ に零点，$s = \infty$ に極があり，極と零点が虚軸上に交互に並ぶので，リアクタンス関数である．

演習問題解答

(1) (a) 図 3.10(a) の回路の駆動点インピーダンス $Z_a(s)$ は

$$Z_a(s) = \frac{2s^2 + 4s + 3}{3(s+1)(s^2+s+1)}$$

となり，分母多項式，分子多項式ともにフルビッツ多項式である．

(b) 図 3.10(b) の回路の駆動点アドミタンス $Y_b(s)$ は

$$Y_b(s) = \frac{2s^2 + 4s + 3}{3(s+1)(s^2+s+1)}$$

となり，分母多項式，分子多項式ともにフルビッツ多項式である．

(2) 図 3.11(a) において，駆動点インピーダンスを求めると

$$R + sL + \frac{1}{sC} = \frac{2s^2 + 6s + 1}{2s}$$

となり，s が実数のとき，駆動点インピーダンスが実数になることは明らか．この式に，$s = \sigma + j\omega$ と数値を代入すると

$$R + sL + \frac{1}{sC}\bigg|_{s=\sigma+j\omega} = \frac{2(\sigma+j\omega)^2 + 6(\sigma+j\omega) + 1}{2(\sigma+j\omega)}$$

$$= \frac{2(\sigma^2+\omega^2)(\sigma+j\omega) + 6(\sigma^2+\omega^2) + (\sigma-j\omega)}{2(\sigma^2+\omega^2)}$$

$$= \frac{2(\sigma^2+\omega^2)\sigma + 6(\sigma^2+\omega^2) + \sigma + j\omega\{2(\sigma^2+\omega^2) - 1\}}{2(\sigma^2+\omega^2)}$$

となるので，$\sigma > 0$ のとき，駆動点インピーダンスの実部は正であるから，正実関数である．

図 3.11(b) において，駆動点インピーダンスを求めると

$$\frac{1}{R} + \frac{1}{sL} + sC = \frac{6s^2 + s + 3}{3s}$$

となり，s が実数のとき，駆動点インピーダンスが実数になることは明らか．この式に，$s = \sigma + j\omega$ と数値を代入すると

$$\frac{1}{R} + \frac{1}{sL} + sC\bigg|_{s=\sigma+j\omega} = \frac{6(\sigma+j\omega)^2 + (\sigma+j\omega) + 3}{3(\sigma+j\omega)}$$

$$= \frac{6(\sigma^2+\omega^2)(\sigma+j\omega) + (\sigma^2+\omega^2) + 3(\sigma-j\omega)}{3(\sigma^2+\omega^2)}$$

$$= \frac{6(\sigma^2+\omega^2)\sigma + (\sigma^2+\omega^2) + 3\sigma + j\omega\{6(\sigma^2+\omega^2) - 3\}}{3(\sigma^2+\omega^2)}$$

となるので，$\sigma > 0$ のとき，駆動点インピーダンスの実部は正であるから，正実関数である．

(3) (a) s が実数のとき，$1/(s+1)$ が実数となるのはあきらか．$1/(s+1)$ に $\sigma+j\omega$ を代入すると

$$\left.\frac{1}{s+1}\right|_{s=\sigma+j\omega} = \frac{1}{\sigma+j\omega+1} = \frac{\sigma+1-j\omega}{(\sigma+1)^2+\omega^2}$$

となるので，$\sigma>0$ のとき，実部は正であるから，正実関数である．

(b) $1/\{s(s+1)\}$ に $\sigma+j\omega$ を代入すると

$$\left.\frac{1}{s(s+1)}\right|_{s=\sigma+j\omega} = \frac{1}{(\sigma+j\omega)(\sigma+j\omega+1)}$$
$$= \frac{(\sigma-j\omega)(\sigma+1-j\omega)}{(\sigma^2+\omega^2)\{(\sigma+1)^2+\omega^2\}}$$
$$= \frac{\sigma(\sigma+1)-\omega^2-j\omega(2\sigma+1)}{(\sigma^2+\omega^2)\{(\sigma+1)^2+\omega^2\}}$$

となるので，$\sigma>0$ でも，$\omega^2 > \sigma(\sigma+1)$ ならば，実部が負となる．したがって，正実関数ではない．

(c) $(s^2+1)/(s^3+2s)$ は

$$\frac{s^2+1}{s^3+2s} = \cfrac{1}{s+\cfrac{1}{s+\cfrac{1}{s}}}$$

と書き換えることができる．正実関数の和は正実関数であり，正実関数の逆数も正実関数である．s は明らかに正実関数であるので，この書き換えから $(s^2+1)/(s^3+2s)$ が正実関数であることがわかる．

(4) (a) $s^3+6s^2+11s+6 = (s+1)(s+2)(s+3) = 0$ を満足する解は，$s=-1$ と $s=-2$，$s=-3$ であるので，フルビッツ多項式である．

(b) 一般に，最高次の係数が正で，それ以外の係数が負または零であるとき，その多項式はフルビッツ多項式ではない．この場合も，s^3+s^2-3s+9 に負の係数が含まれるので，フルビッツ多項式ではない．

(c) $s^3+2s^2+2s+1 = (s+1)(s^2+s+1) = 0$ を満足する解は，$s=-1$ と $s=(-1\pm\sqrt{3})/2$ であるので，フルビッツ多項式である．

(d) $s^4+2s^3+10s^2+10s+21$ の偶数次の項と奇数次の項だけからなる多項式の比を求めると，$(s^4+10s^2+21)/(2s^3+10s) = \{(s^2+3)(s^2+7)\}/\{2s(s^2+5)\}$ となり，$s=0$ と $s=\infty$ に極があり，極と零点が虚軸上に交互に並んでいるので，リアクタンス関数である．逆にリアクタンス関数の分母多項式と分子多項式の和はフルビッツ多項式であるので，$s^4+2s^3+10s^2+10s+21$ はフルビッツ多項式である．

(e) $3s^5 + 2s^4 + 27s^3 + 10s^2 + 54s + 8$ の偶数次の項と奇数次の項だけからなる多項式の比を求めると，$(3s^5 + 27s^3 + 54s)/(2s^4 + 10s^2 + 8) = \{3s(s^2 + 3)(s^2 + 6)\}/\{2(s^2 + 1)(s^2 + 4)\}$ となり，$s = 0$ に零点，$s = \infty$ に極があり，極と零点が虚軸上に交互に並んでいるので，リアクタンス関数である．逆にリアクタンス関数の分母多項式と分子多項式の和はフルビッツ多項式であるので，$3s^5 + 2s^4 + 27s^3 + 10s^2 + 54s + 8$ はフルビッツ多項式である．

(5) (a) $(3s^2 + 1)/(s^3 + 3s) = (3s^2 + 1)/\{s(s^2 + 3)\}$ となり，$s = 0$ に極が，$s = \infty$ に零点があり，極と零点が虚軸上に交互に並んでいるので，リアクタンス関数である．

(b) $(s^3 + s)/(s^2 + 6) = \{s(s^2 + 1)\}/(s^2 + 6)$ となり，極と零点が虚軸上に交互に並んでいないので，リアクタンス関数ではない．

(c) $(2s^5 + 7s^3 + 6s)/(s^4 + 6s^2 + 5) = \{s(2s^2 + 3)(s^2 + 2)\}/\{(s^2 + 1)(s^2 + 5)\}$ となり，極と零点が虚軸上に交互に並んでいないので，リアクタンス関数ではない．

(d) $(s^4 + 5s^2 + 6)/(s^5 + 11s^3 + 10s) = \{(s^2 + 2)(s^2 + 3)\}/\{s(s^2 + 1)(s^2 + 10)\}$ となり，極と零点が虚軸上に交互に並んでいないので，リアクタンス関数ではない．

(6) (a) 図 3.12(a) の回路の駆動点インピーダンス $Z_a(s)$ は
$$Z_a(s) = \frac{(s^2 L_1 C_1 + 1)(s^2 L_2 C_2 + 1)}{s\{s^2 C_1 C_2 (L_1 + L_2) + C_1 + C_2\}}$$
である．これに数値を代入すると
$$Z_a(s) = \frac{(3s^2 + 1)(8s^2 + 1)}{s(36s^2 + 7)}$$
となる．さらに，$s = j\omega$ を代入すると
$$X_a(\omega) = -\frac{(1 - 3\omega^2)(1 - 8\omega^2)}{\omega(7 - 36\omega^2)}$$
が得られ，その概略は図 A.4(a) となる．

(b) 図 3.12(b) の回路の駆動点インピーダンス $Z_b(s)$ は
$$Z_b(s) = \frac{s\{s^2 L_1 L_2 (C_1 + C_2) + L_1 + L_2\}}{(s^2 L_1 C_1 + 1)(s^2 L_2 C_2 + 1)}$$
である．これに数値を代入すると
$$Z_b(s) = \frac{s(14s^2 + 3)}{(3s^2 + 1)(8s^2 + 1)}$$
となる．さらに，$s = j\omega$ を代入すると
$$X_b(\omega) = \frac{\omega(3 - 14\omega^2)}{(1 - 3\omega^2)(1 - 8\omega^2)}$$
が得られ，その概略は図 A.4(b) となる．

(a)

(b)

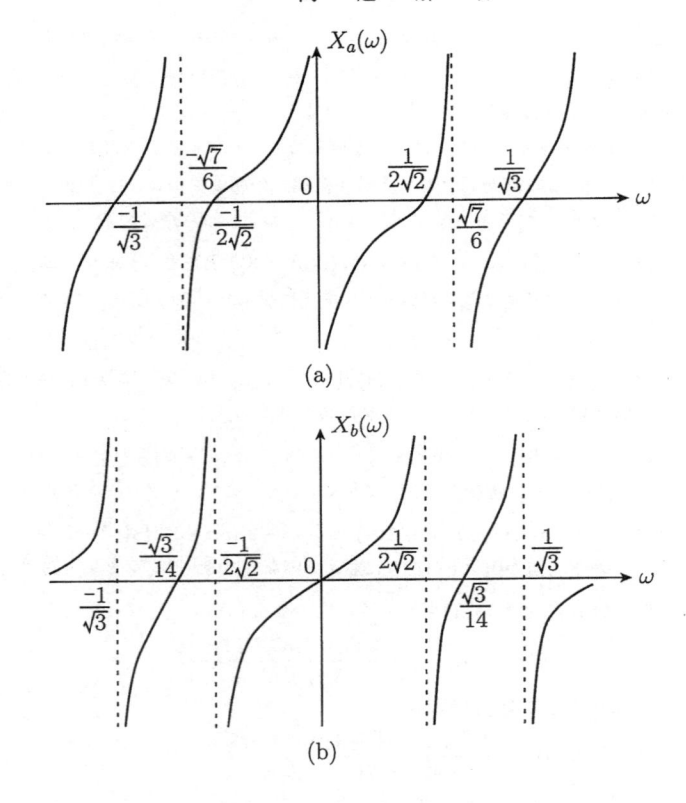

図 **A.4** リアクタンス回路の特性

第4章

[問 4.1]　$Z_{LC}(s)$ を部分分数展開すると

$$Z_{LC}(s) = \frac{\frac{3}{8}}{s} + \frac{\frac{1}{4}s}{s^2+2} + \frac{\frac{3}{8}s}{s^2+4}$$

$$\frac{1}{Z_{LC}(s)} = s + \frac{\frac{3}{2}s}{s^2+1} + \frac{\frac{1}{2}s}{s^2+3}$$

となるので，図 A.5 が得られる．

(a) (b)

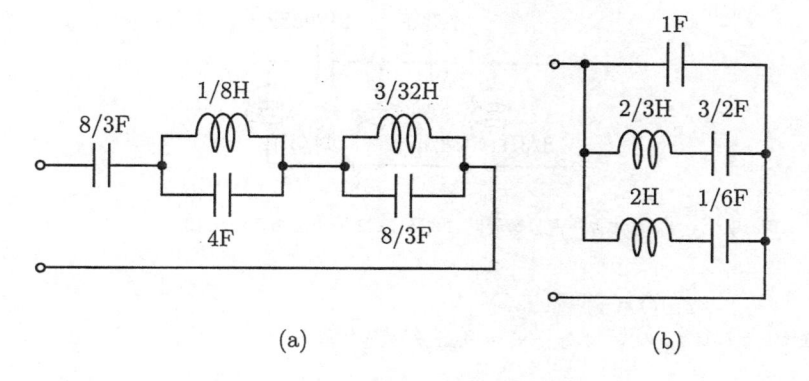

図 **A.5** 部分分数展開による LC2 端子回路の合成

[問 4.2] $Y_{LC}(s)$ を連分数展開すると
$$Y_{LC}(s) = s + \cfrac{1}{\cfrac{1}{2}s + \cfrac{1}{\cfrac{4}{3}s + \cfrac{1}{\cfrac{3}{2}s + \cfrac{3}{s}}}}}$$

となるので，図 A.6 が得られる．

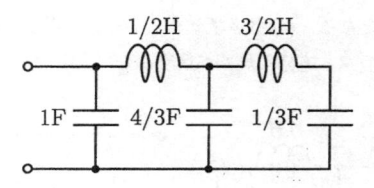

図 **A.6** 連分数展開による LC2 端子回路の合成 (1)

[問 4.3] $Y_{LC}(s)$ を連分数展開すると
$$Y_{LC}(s) = \cfrac{3}{8s} + \cfrac{1}{\cfrac{32}{7s} + \cfrac{1}{\cfrac{49}{88s} + \cfrac{1}{\cfrac{968}{21s} + \cfrac{44s}{3}}}}$$

となるので，図 A.7 が得られる．

[問 4.4] $Z_{RC}(s)$ と $Z_{LR}(s)$ は LC2 端子回路の駆動点インピーダンス $Z_{LC}(s)$ を用いて
$$Z_{RC}(s) = \frac{1}{\sqrt{s}} Z_{LC}(\sqrt{s})$$

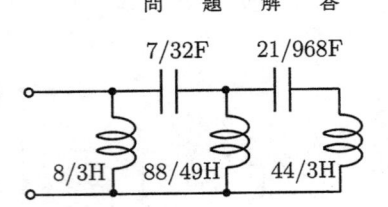

図 **A.7** 連分数展開による LC2 端子回路の合成 (2)

$$Z_{LR}(s) = \sqrt{s}Z_{LC}(\sqrt{s})$$

と表すことができるので，$sZ_{RC}(s) = Z_{LR}(s)$ が成り立つ．

演習問題解答

(1) (a) $Z_{in1}(s)$ は，以下に示す通りに展開することができる．

$$Z_{in1}(s) = s + \frac{s}{2s^2+1} = s + \cfrac{1}{2s + \cfrac{1}{s}}$$

$$\frac{1}{Z_{in1}(s)} = \frac{1}{2s} + \frac{s}{2(s^2+1)} = \frac{1}{2s} + \cfrac{1}{2s + \cfrac{2}{s}}$$

回路は図 A.8 となる．(分母多項式あるいは分子多項式の次数が 3 次までの場合は，部分分数展開と連分数展開の区別がない．)

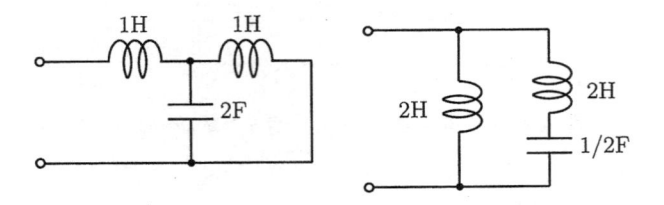

図 **A.8** リアクタンス関数からの実現

(b) $Y_{in1}(s)$ は，$Y_{in1} = \{s(s^2+5)\}/\{(s^2+1)(s^2+3)\}$ となり，極と零点が交互に並ばないので，リアクタンス関数ではない．

(c) $Z_{in2}(s)$ の分母多項式と分子多項式の次数が等しいので，リアクタンス関数ではない．

(d) $Y_{in2}(s)$ は

$$\frac{1}{Y_{in2}(s)} = s + \cfrac{1}{2s + \cfrac{1}{3s + \cfrac{1}{4s}}}$$

$$\frac{1}{Y_{in2}(s)} = \frac{1}{6s} + \cfrac{1}{\cfrac{3}{7s} + \cfrac{1}{\cfrac{49}{48s} + \cfrac{7s}{4}}}$$

と展開することができる．したがって，図 A.9 が得られる．

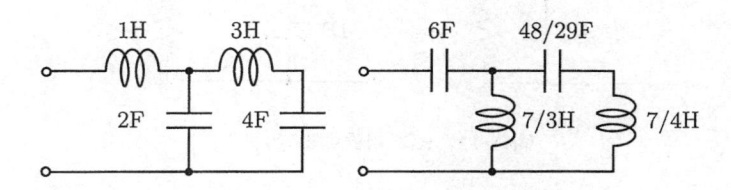

図 **A.9** リアクタンス関数からの実現 (2)

(2) (a) $Z_{in1}(s)$ は $Z_{in1}(s) = s + \dfrac{s}{2s+1}$ と展開することができる．また，$\dfrac{1}{Z_{in1}(s)}$ を展開すると

$$\frac{1}{Z_{in1}(s)} = \frac{1}{2s} + \frac{1}{2+2s}$$

となる．これらより，図 A.10 が得られる．

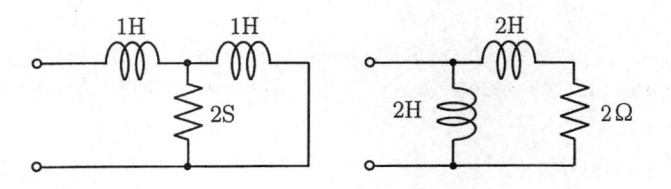

図 **A.10** LR2 端子回路の実現

$Z_{in2}(s)$ は

$$Z_{in2}(s) = \frac{1}{3s} + \cfrac{1}{\cfrac{3}{2}s + \cfrac{9}{2}}$$

と展開することができる．また，$\dfrac{1}{Z_{in2}(s)}$ を展開すると

$$\dfrac{1}{Z_{in2}(s)} = s + \dfrac{1}{\dfrac{1}{2} + \dfrac{1}{2s}}$$

となる．これらより，図 A.11 が得られる．

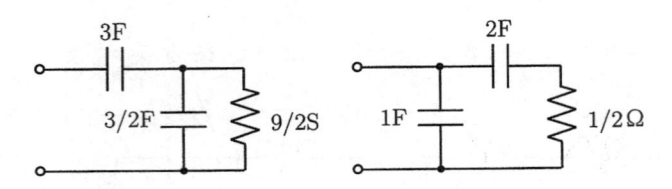

図 **A.11** RC2 端子回路の実現

(b) 図 A.12 と図 A.13 に示す通り．

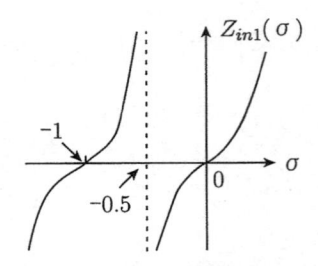

図 **A.12** LR2 端子回路の特性 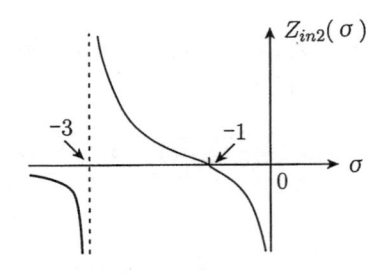　　図 **A.13** RC2 端子回路の特性

(3) (a) $Z_{in1}(s)$ は

$$Z_{in1}(s) = \dfrac{s^3 + 6s^2 + 8s}{2s^2 + 8s + 6} = \dfrac{s}{2} + \dfrac{1}{1 + \dfrac{1}{\dfrac{2s}{3} + \dfrac{1}{3 + \dfrac{6}{s}}}}$$

となる．したがって，$Z_{in1}(s)$ は LR2 端子の駆動点インピーダンスであり，回路は図 A.14 となる．

問題解答　　　　　　　　　　　　　　177

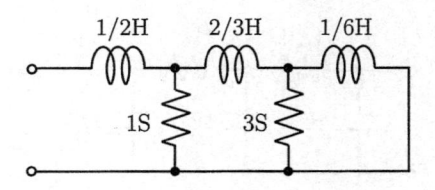

図 A.14　合成された LR2 端子回路

(b) $Y_{in2}(s)$ は

$$Y_{in2}(s) = \frac{s^4 + 9s^2 + 14}{s^3 + 3s} = s + \cfrac{1}{\cfrac{s}{6} + \cfrac{1}{9s + \cfrac{21}{s}}}$$

となる．したがって，$Y_{in2}(s)$ は LC2 端子の駆動点アドミタンスであり，回路は図 A.15となる．

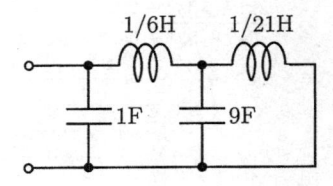

図 A.15　合成された LC2 端子回路 (1)

(c) $Z_{in3}(s)$ は

$$\frac{1}{Z_{in3}(s)} = \frac{s^3 + 7s^2 + 10s}{s^2 + 5s + 4} = s + \cfrac{1}{\cfrac{1}{2} + \cfrac{1}{s + \cfrac{1}{1 + \cfrac{2}{s}}}}$$

となる．したがって，$Z_{in3}(s)$ は RC2 端子の駆動点インピーダンスであり，回路は図 A.16となる．

(d) $Y_{in4}(s)$ は

$$Y_{in4}(s) = \frac{s^5 + 6s^3 + 5s}{s^4 + 5s^2 + 6} = \frac{s(s^2 + 1)(s^2 + 5)}{(s^2 + 2)(s^2 + 3)}$$

となり，負の実軸上に極や零点が存在せず，また，虚軸上に存在する極や零点も交互に並んでいないので，いずれのイミタンスでない．

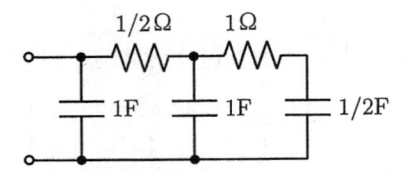

図 **A.16** 合成された RC2 端子回路

(e) Z_{in5} は
$$Z_{in5}(s) = \frac{(s+3)^2(s+1)}{(s+2)(s+4)}$$
となり，負の実軸上に存在する極と零点が交互に並んでいないので，いずれのイミタンスでない．

(f) $Y_{in6}(s)$ は
$$Y_{in6}(s) = \frac{2s^5 + 13s^3 + 20s}{s^4 + 5s^2 + 6}$$
$$= 2s + \cfrac{1}{\cfrac{1}{3}s + \cfrac{1}{\cfrac{9}{7}s + \cfrac{1}{\cfrac{49}{6}s + \cfrac{21}{s}}}}$$
となるので，この結果から図 A.17 の回路を合成することができる．

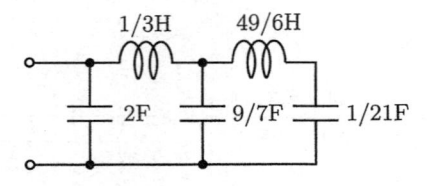

図 **A.17** 合成された LC2 端子回路 (2)

(4) 図 4.13 の駆動点アドミタンスを $Y_{in}(s)$ とすると，$Y_{in}(s)$ は $Y_{in}(s) = (4s^4 + 8s^2 + 1)/(4s^3 + 2s)$ である．これを連分数展開すると
$$Y_{in}(s) = \frac{4s^4 + 8s^2 + 1}{4s^3 + 2s} = s + \cfrac{1}{\cfrac{2}{3}s + \cfrac{1}{\cfrac{9}{2}s + \cfrac{3}{4s}}}$$

あるいは
$$Y_{in}(s) = \frac{4s^4 + 8s^2 + 1}{4s^3 + 2s} = \frac{1}{2s} + \cfrac{1}{\cfrac{1}{3s} + \cfrac{1}{\cfrac{9}{4s} + \cfrac{3s}{2}}}$$

となる．この結果から，図 A.18 が得られる．

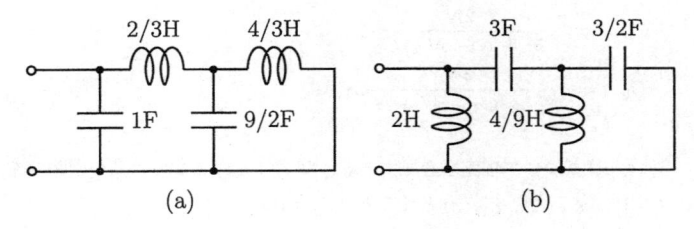

(a) 2/3H, 4/3H, 1F, 9/2F

(b) 3F, 3/2F, 2H, 4/9H

図 A.18 同じ駆動点インピーダンスを持つ二つの LC2 端子回路

(5) 図 4.13 の LC 回路の駆動点インピーダンス $Z_{in1}(s)$ および図 4.14 の LC 回路の駆動点インピーダンス $Z_{in2}(s)$ はそれぞれ

$$Z_{in1}(s) = \frac{sL_2(s^2L_1C_2 + 1)}{L_1L_2C_1C_2\left(s^2 + \frac{M+N}{2L_1L_2}\right)\left(s^2 + \frac{M-N}{2L_1L_2}\right)}$$

$$Z_{in2}(s) = \frac{s\{L_a + L_b + s^2L_aL_b(C_a + C_b)\}}{(s^2L_aC_a + 1)(s^2L_bC_b + 1)}$$

となる．ただし，M と N は

$$M = \frac{L_1}{C_1} + \frac{L_2}{C_1} + \frac{L_2}{C_2}$$

$$N = \sqrt{M^2 - 4\frac{L_1L_2}{C_1C_2}}$$

である．二つのインピーダンスの分母と分子の係数を比較することにより

$$L_aC_a = \frac{2L_1L_2}{M+N}$$

$$L_bC_b = \frac{2L_1L_2}{M-N}$$

$$L_a + L_b = L_2$$

$$\frac{C_aC_b}{C_a + C_b} = C_1$$

が得られる．$C_a = 2L_1L_2/\{L_a(M+N)\}$, $C_b = 2L_1L_2/\{L_b(M-N)\}$, $L_b = L_2 - L_a$ より

$$C_aC_b = \frac{4L_1^2L_2^2}{L_a(L_2 - L_a)(M^2 - N^2)}$$

あるいは

$$C_aC_b = C_1(C_a + C_b) = C_1\left\{\frac{2L_1L_2}{L_a(M+N)} + \frac{2L_1L_2}{(L_2 - L_a)(M-N)}\right\}$$

となる．これらの式から，L_a が
$$L_a = \frac{2L_1/C_1 - M + N}{2N} L_2$$
となり，さらに，L_b, C_a, C_b が
$$L_b = \frac{M + N - 2L_1/C_1}{2N} L_2$$
$$C_a = \frac{2N}{M + N - 2L_2/C_2} C_1$$
$$C_b = \frac{2N}{2L_2/C_2 - M + N} C_1$$
となる．

(6) (a) $Z_{1a}(s)$ に基づいて回路を合成すると，図 A.19(a) となる．この回路の逆回路のインピーダンスを $Z_{1b}(s)$ とすると，$Z_{1b}(s)$ は

$$Z_{1b}(s) = 1 + s$$

であるので，逆回路は図 A.19(b) となる．

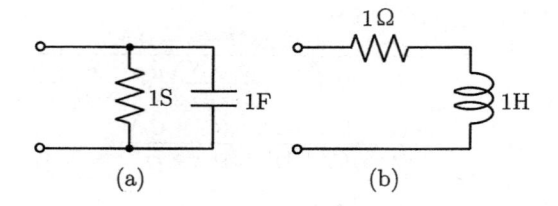

図 **A.19** 逆回路の構成 (1)

(b) $Z_{2a}(s)$ に基づき回路を合成すると，図 A.20(a) となる．この回路の逆回路のインピーダンスを $Z_{2b}(s)$ とすると，$Z_{2b}(s)$ は

$$Z_{2b}(s) = \frac{s}{s^2 + s + 1}$$

であるので，逆回路は図 A.20(b) となる．

(c) $Z_{3a}(s)$ は
$$Z_{3a}(s) = \frac{12s^2 + 1}{12s^3 + 5s} = \frac{1}{5s} + \frac{1}{\frac{25}{48s} + \frac{5}{4}s}$$
$$\frac{1}{Z_{3a}(s)} = \frac{12s^3 + 5s}{12s^2 + 1} = s + \frac{1}{3s + \frac{1}{4s}}$$

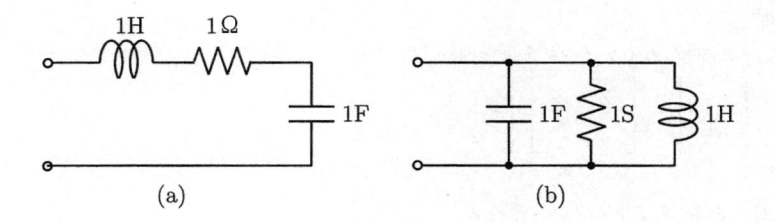

図 **A.20**　逆回路の構成 (2)

となる．この結果に基づき回路を合成すると，図 A.21(a) および (b) となる．これらの回路の逆回路のインピーダンスを $Z_{3b}(s)$ とすると，$Z_{3b}(s)$ は

$$Z_{3b}(s) = \frac{12s^3 + 5s}{12s^2 + 1} = s + \frac{1}{3s + \dfrac{1}{4s}}$$

$$\frac{1}{Z_{3b}(s)} = \frac{12s^2 + 1}{12s^3 + 5s} = \frac{1}{5s} + \frac{1}{\dfrac{25}{48s} + \dfrac{5}{4}s}$$

であるので，逆回路は図 A.21(c) および (d) となる．

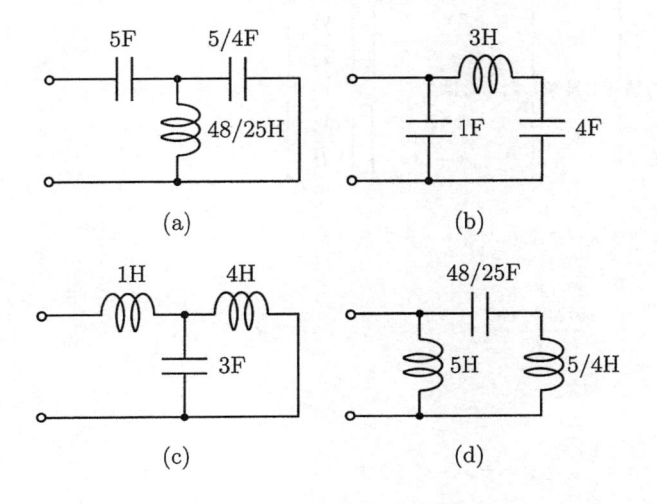

図 **A.21**　逆回路の構成 (3)

第5章

[問 5.1]　図 5.2のインピーダンス行列は
$$\begin{bmatrix} V_1 \\ V_2 \end{bmatrix} = \begin{bmatrix} Z & Z \\ Z & Z \end{bmatrix} \begin{bmatrix} I_1 \\ I_2 \end{bmatrix}$$
である．

[問 5.2]　図 5.3のアドミタンス行列は
$$\begin{bmatrix} I_1 \\ I_2 \end{bmatrix} = \begin{bmatrix} Y & -Y \\ -Y & Y \end{bmatrix} \begin{bmatrix} V_1 \\ V_2 \end{bmatrix}$$
である．

[問 5.3]　図 5.2の縦続行列は
$$\begin{bmatrix} V_1 \\ I_1 \end{bmatrix} = \begin{bmatrix} 1 & Z \\ 0 & 1 \end{bmatrix} \begin{bmatrix} V_2 \\ \tilde{I}_2 \end{bmatrix}$$
である．また，図 5.3の縦続行列は
$$\begin{bmatrix} V_1 \\ I_1 \end{bmatrix} = \begin{bmatrix} 1 & 0 \\ Y & 1 \end{bmatrix} \begin{bmatrix} V_2 \\ \tilde{I}_2 \end{bmatrix}$$
である．

[問 5.4]　左から図 5.2，図 5.3の順番で縦続接続した場合，縦続行列は
$$\begin{bmatrix} V_1 \\ I_1 \end{bmatrix} = \begin{bmatrix} 1+ZY & Z \\ Y & 1 \end{bmatrix} \begin{bmatrix} V_2 \\ \tilde{I}_2 \end{bmatrix}$$
となる．逆の順番で接続した場合は
$$\begin{bmatrix} V_1 \\ I_1 \end{bmatrix} = \begin{bmatrix} 1 & Z \\ Y & 1+ZY \end{bmatrix} \begin{bmatrix} V_2 \\ \tilde{I}_2 \end{bmatrix}$$
となる．

[問 5.5]　ZパラメータをFパラメータで表すと
$$Z_{11} = \frac{A}{C}$$
$$Z_{12} = \frac{AD-BC}{C}$$
$$Z_{21} = \frac{1}{C}$$
$$Z_{22} = \frac{D}{C}$$
となる．FパラメータをZパラメータで表すと
$$A = \frac{Z_{11}}{Z_{21}}$$
$$B = \frac{Z_{11}Z_{22}-Z_{12}Z_{21}}{Z_{21}}$$

$$C = \frac{1}{Z_{21}}$$
$$D = \frac{Z_{22}}{Z_{21}}$$
となる．

[問 5.6] Z パラメータと Y パラメータがともに存在する回路において，Z_{12} と Z_{21} を Y パラメータで表すと
$$Z_{12} = -\frac{Y_{12}}{\Delta_Y}$$
$$Z_{21} = -\frac{Y_{21}}{\Delta_Y}$$
となる．ただし，$\Delta_Y = Y_{11}Y_{22} - Y_{12}Y_{21}$ である．これらの式から，Y_{12} と Y_{21} が等しいので，Z_{12} と Z_{21} も等しいことがわかる．

ただし，Y パラメータが存在しない回路では，Y_{12} と Y_{21} が等しいことを示したように，2個の電流源で駆動した2端子対回路についてテレゲンの定理を用いて，Z_{12} と Z_{21} が等しいことを示さなければならない．

[問 5.7] Y_{11} は端子対 2-2' が短絡のとき，端子対 1-1' から見込んだアドミタンスであるので
$$Y_{11} = \cfrac{1}{j\omega L_1 + \cfrac{1}{j\omega C_2 + \cfrac{1}{j\omega L_3}}}$$
$$= \frac{1 - \omega^2 C_2 L_3}{j\omega L_1 + j\omega L_3 - j\omega^3 L_1 C_2 L_3}$$
となる．同様に，Y_{22} は
$$Y_{22} = \cfrac{1}{j\omega L_3 + \cfrac{1}{j\omega C_2 + \cfrac{1}{j\omega L_1}}}$$
$$= \frac{1 - \omega^2 L_1 C_2}{j\omega L_1 + j\omega L_3 - j\omega^3 L_1 C_2 L_3}$$
である．

Y_{12} は端子対 1-1' を電圧源で駆動した際に，端子対 2-2' 間に流れる電流と電圧源の電圧との比であるから
$$Y_{12} = \frac{-1}{j\omega L_1 + j\omega L_3 - j\omega^3 L_1 C_2 L_3}$$
となる．さらに，$Y_{21} = Y_{12}$ であることから，すべての Y パラメータが純虚数であることがわかる．

[問 5.8] 端子対 2-2' を開放したときの駆動点インピーダンスは Z_{11} である．Z_{11} は
$$Z_{11} = j\omega L_1 + \frac{1}{j\omega C_2} = \frac{(j\omega)^2 L_1 C_2 + 1}{(j\omega)C_2}$$

であるので，この式の $j\omega$ の代わりに $-j\omega$ を代入すると，$-Z_{11}$ となることは明らか．したがって，Z_{11} は $j\omega$ の奇関数である．

端子対 2-2' を短絡したときの駆動点インピーダンスは Y_{11} の逆数である．$1/Y_{11}$ は
$$\frac{1}{Y_{11}} = \frac{j\omega L_1 + j\omega L_3 - j\omega^3 L_1 C_2 L_3}{1 - j\omega^2 C_2 L_3}$$
$$= \frac{(j\omega)L_1 + (j\omega)L_3 + (j\omega)^3 L_1 C_2 L_3}{1 + (j\omega)^2 C_2 L_3}$$
であるので，この式の $j\omega$ の代わりに $-j\omega$ を代入すると，Y_{11} が $-Y_{11}$ となることは明らか．したがって，$1/Y_{11}$ は $j\omega$ の奇関数である．

演習問題解答

(1) アドミタンス行列は，例えば図 5.1 の端子 1 と端子 2 および端子 1' と端子 2' が短絡される場合のように，縦続行列の B 成分が零，すなわち，端子間電圧 V_1 と端子間電圧 V_2 が比例する場合，存在しない．逆に，図 5.4 の場合，回路 N がどんな回路でも，電圧源の内部抵抗 2 個と回路 N からなる回路では，E_1 と E_2 が回路構造的に比例することはないので，この回路のアドミタンス行列は必ず存在する．これを
$$\begin{bmatrix} I_1 \\ I_2 \end{bmatrix} = \begin{bmatrix} \hat{Y}_{11} & \hat{Y}_{12} \\ \hat{Y}_{21} & \hat{Y}_{22} \end{bmatrix} \begin{bmatrix} E_1 \\ E_2 \end{bmatrix}$$
とする．この行列を用いて，反射波ベクトルを求めると，$E_1 = V_1 + R_1 I_1$ および $E_2 = V_2 + R_2 I_2$ であるので
$$\begin{bmatrix} b_1 \\ b_2 \end{bmatrix} = \frac{1}{2} \begin{bmatrix} \frac{V_1}{\sqrt{R_1}} - \sqrt{R_1} I_1 \\ \frac{V_2}{\sqrt{R_2}} - \sqrt{R_2} I_2 \end{bmatrix} = \begin{bmatrix} a_1 \\ a_2 \end{bmatrix} - \begin{bmatrix} \sqrt{R_1} I_1 \\ \sqrt{R_2} I_2 \end{bmatrix}$$
$$= \begin{bmatrix} a_1 \\ a_2 \end{bmatrix} - \begin{bmatrix} \sqrt{R_1}\hat{Y}_{11} & \sqrt{R_1}\hat{Y}_{12} \\ \sqrt{R_2}\hat{Y}_{21} & \sqrt{R_2}\hat{Y}_{22} \end{bmatrix} \begin{bmatrix} E_1 \\ E_2 \end{bmatrix}$$
$$= \begin{bmatrix} a_1 \\ a_2 \end{bmatrix} - \begin{bmatrix} R_1 & 0 \\ 0 & R_2 \end{bmatrix} \begin{bmatrix} \hat{Y}_{11} & \hat{Y}_{12} \\ \hat{Y}_{21} & \hat{Y}_{22} \end{bmatrix} \begin{bmatrix} \frac{V_1}{\sqrt{R_1}} + \sqrt{R_1} I_1 \\ \frac{V_2}{\sqrt{R_2}} + \sqrt{R_2} I_2 \end{bmatrix}$$
$$= \left\{ \begin{bmatrix} 1 & 0 \\ 0 & 1 \end{bmatrix} - 2\begin{bmatrix} R_1 & 0 \\ 0 & R_2 \end{bmatrix} \begin{bmatrix} \hat{Y}_{11} & \hat{Y}_{12} \\ \hat{Y}_{21} & \hat{Y}_{22} \end{bmatrix} \right\} \begin{bmatrix} a_1 \\ a_2 \end{bmatrix}$$
となる．$\hat{Y}_{11}, \hat{Y}_{12}, \hat{Y}_{21}, \hat{Y}_{22}$ が存在するので，S パラメータも必ず存在する．

(2) (a) $Z_{in1}(s)$ を連分数展開すると
$$Z_{in1}(s) = \frac{s^5 + 6s^3 + 8s}{2s^4 + 8s^2 + 6}$$

$$= \frac{1}{2}s + \cfrac{1}{s + \cfrac{1}{\frac{2}{3}s + \cfrac{1}{3s + \frac{6}{s}}}}$$

となる．この結果，$L_1 = 1/2\mathrm{H}$, $C_1 = 1\mathrm{F}$, $L_2 = 2/3\mathrm{H}$, $C_2 = 3\mathrm{F}$, $L_3 = 1/6\mathrm{H}$ となる．

(b) (a) で求めた数値と縦続行列の性質から

$$\begin{bmatrix} V_1 \\ I_1 \end{bmatrix} = \begin{bmatrix} 1 & \frac{1}{2}s \\ 0 & 1 \end{bmatrix} \begin{bmatrix} 1 & 0 \\ s & 1 \end{bmatrix}$$
$$\begin{bmatrix} 1 & \frac{2}{3}s \\ 0 & 1 \end{bmatrix} \begin{bmatrix} 1 & 0 \\ 3s & 1 \end{bmatrix} \begin{bmatrix} 1 & \frac{1}{6}s \\ 0 & 1 \end{bmatrix} \begin{bmatrix} V_2 \\ \tilde{I}_2 \end{bmatrix}$$

が得られる．この式を整理すると

$$\begin{bmatrix} V_1 \\ I_1 \end{bmatrix} = \begin{bmatrix} s^4 + 4s^2 + 1 & \frac{1}{6}s^5 + s^3 + \frac{4}{3}s \\ 2s^3 + 4s & \frac{1}{3}s^4 + \frac{4}{3}s^2 + 1 \end{bmatrix} \begin{bmatrix} V_2 \\ \tilde{I}_2 \end{bmatrix}$$

となるので，$A = s^4 + 4s^2 + 1$, $B = \frac{1}{6}s^5 + s^3 + \frac{4}{3}s$, $C = 2s^3 + 4s$, $D = \frac{1}{3}s^4 + \frac{4}{3}s^2 + 1$ が得られる．

(c) 端子対 1-1' を短絡した場合の駆動点インピーダンス $Z_{in2}(s)$ は

$$Z_{in2}(s) = \frac{V_2}{-\tilde{I}_2}$$

である．また，(b) の F パラメータを用いると，V_1 は

$$V_1 = AV_2 + B\tilde{I}_2$$

であり，端子対 1-1' を短絡した場合，$V_1 = 0$ であるから

$$Z_{in2}(s) = \frac{V_2}{-\tilde{I}_2} = \frac{B}{A}$$

であることがわかる．この式に (2) で求めた A と B を代入すると，Z_{in2} は

$$Z_{in2}(s) = \frac{s^5 + 6s^3 + 8s}{6s^4 + 24s^2 + 6}$$

となる．

(3) (a) F パラメータを用いると，V_1 と I_1 は

$$\begin{aligned} V_1 &= AV_2 + B\tilde{I}_2 = AV_2 - BI_2 \\ I_1 &= CV_2 + D\tilde{I}_2 = CV_2 - DI_2 \end{aligned}$$

となる．これらを実効電力 P を表す式に代入すると

$$\begin{aligned}P &= \frac{1}{2}\{(AV_2-BI_2)(\overline{CV_2-DI_2})+(\overline{AV_2-BI_2})(CV_2-DI_2)\\&\quad +V_2\overline{I}_2+\overline{V}_2 I_2\}\\&= \frac{1}{2}\{(A\overline{C}+\overline{A}C)|V_2|^2+(B\overline{D}+\overline{B}D)|I_2|^2\\&\quad -B\overline{CV}_2 I_2-A\overline{D}V_2\overline{I}_2-\overline{B}CV_2\overline{I}_2-\overline{A}DV_2\overline{I}_2\\&\quad +V_2\overline{I}_2+\overline{V}_2 I_2\}\end{aligned}$$

を得る．線形回路の正弦波励振定常応答の場合，A と D は $j\omega$ に関する偶関数，B と C は $j\omega$ に関する奇関数となることから，$\overline{A}=A$, $\overline{B}=-B$, $\overline{C}=-C$, $\overline{D}=D$ となる．このことから，上式は

$$P=\frac{1}{2}\{-(AD-BC)(\overline{V}_2 I_2+V_2\overline{I}_2)+V_2\overline{I}_2+\overline{V}_2 I_2\}$$

となる．また，受動回路では $AD-BC=1$ が成り立つので，P は $P=0$ となる．

(b) テレゲンの定理から

$$V_1\overline{I}_1+V_2\overline{I}_2=\sum_{k=3}^{b}V_k\overline{I}_k$$

$$\overline{V}_1 I_1+\overline{V}_2 I_2=\sum_{k=3}^{b}\overline{V}_k I_k$$

が得られる．ただし，V_k と I_k は，駆動する電源も含めたリアクタンス回路の k 番目の素子の電圧と電流を表し，b は素子数である．駆動電源を除くリアクタンス回路内の素子は容量またはインダクタであるから $k\geq 3$ の V_k と I_k の間には

$$V_k=jX_k I_k$$

という関係が成り立つ．ただし，X_k は k 番目の素子のリアクタンスである．これより

$$V_1\overline{I}_1+V_2\overline{I}_2=\sum_{k=3}^{b}jX_k|I_k|^2$$

$$\overline{V}_1 I_1+\overline{V}_2 I_2=\sum_{k=3}^{b}-jX_k|I_k|^2$$

が得られる．これらの式を P に代入すると

$$P = \frac{1}{2}(V_1\overline{I}_1+\overline{V}_1 I_1+V_2\overline{I}_2+\overline{V}_2 I_2)$$

$$= \frac{1}{2}\left(\sum_{k=3}^{b} jX_k|I_k|^2 - \sum_{k=3}^{b} jX_k|I_k|^2\right) = 0$$

となる．

(4) (a)
$$\begin{bmatrix} V_1 \\ I_1 \end{bmatrix} = \begin{bmatrix} A & B \\ C & D \end{bmatrix} \begin{bmatrix} V_2 \\ \tilde{I}_2 \end{bmatrix}$$

より，$AD - BC = 1$ なので

$$\begin{bmatrix} V_2 \\ \tilde{I}_2 \end{bmatrix} = \begin{bmatrix} A & B \\ C & D \end{bmatrix}^{-1} \begin{bmatrix} V_1 \\ I_1 \end{bmatrix}$$

$$= \begin{bmatrix} D & -B \\ -C & A \end{bmatrix} \begin{bmatrix} V_1 \\ I_1 \end{bmatrix}$$

となる．$\tilde{I}_1 = -I_1$, $\tilde{I}_2 = -I_2$ であるから

$$\begin{bmatrix} V_2 \\ I_2 \end{bmatrix} = \begin{bmatrix} D & B \\ C & A \end{bmatrix} \begin{bmatrix} V_1 \\ \tilde{I}_1 \end{bmatrix}$$

が得られる．したがって，$A_i = D$, $B_i = B$, $C_i = C$, $D_i = A$ となる．

(b) $V_2 = R_2 \tilde{I}_2$ より

$$\frac{V_1}{I_1} = \frac{AV_2 + B\tilde{I}_2}{CV_2 + D\tilde{I}_2} = \frac{AR_2 + B}{CR_2 + D}$$

となる．

(c) $V_1 = R_1 \tilde{I}_1$ および (a) の結果から

$$\frac{V_2}{I_2} = \frac{DV_1 + B\tilde{I}_1}{CV_1 + A\tilde{I}_1} = \frac{DR_1 + B}{CR_1 + A}$$

となる．

(d) 第 1 章演習問題 (6)(b) より，$V_1/I_1 = R_1$ のとき，供給される電力が最大となる．したがって，(b) から

$$\frac{AR_2 + B}{CR_2 + D} = R_1$$

が最大の電力を供給するための条件である．

(e) (d) と同様に，$V_2/I_2 = R_2$ のとき，供給される電力が最大となる．したがって，(c) から

$$\frac{DR_1 + B}{CR_1 + A} = R_2$$

が最大の電力を供給するための条件である．また，この式を書き換えると
$$DR_1 + B = CR_1R_2 + AR_2$$
となり，A と D は $j\omega$ の偶関数，B と C は $j\omega$ の奇関数であるから，最大の電力を供給するための条件が
$$DR_1 = AR_2$$
$$B = CR_1R_2$$
であることがわかる．(d) の条件からも，全く同様の手順により，上の2式が導かれる．

(5) (a) 図 5.22(a) のアドミタンス行列は
$$\begin{bmatrix} I_1 \\ I_2 \end{bmatrix} = \begin{bmatrix} \dfrac{Y_a}{2} & -\dfrac{Y_a}{2} \\ -\dfrac{Y_a}{2} & \dfrac{Y_a}{2} \end{bmatrix} \begin{bmatrix} V_1 \\ V_2 \end{bmatrix}$$
となる．

(b) 図 5.22(b) のアドミタンス行列は
$$\begin{bmatrix} I_1 \\ I_2 \end{bmatrix} = \begin{bmatrix} \dfrac{Y_b}{2} & \dfrac{Y_b}{2} \\ \dfrac{Y_b}{2} & \dfrac{Y_b}{2} \end{bmatrix} \begin{bmatrix} V_1 \\ V_2 \end{bmatrix}$$
となる．

(c) 図 5.23 のアドミタンス行列は，図 5.22(a) と (b) のアドミタンス行列の和であるので
$$\begin{bmatrix} I_1 \\ I_2 \end{bmatrix} = \begin{bmatrix} \dfrac{Y_a}{2} + \dfrac{Y_b}{2} & -\dfrac{Y_a}{2} + \dfrac{Y_b}{2} \\ -\dfrac{Y_a}{2} + \dfrac{Y_b}{2} & \dfrac{Y_a}{2} + \dfrac{Y_b}{2} \end{bmatrix} \begin{bmatrix} V_1 \\ V_2 \end{bmatrix}$$
となる．

(d) (c) のアドミタンス行列を縦続行列に変換すると
$$\begin{bmatrix} V_1 \\ I_1 \end{bmatrix} = \begin{bmatrix} \dfrac{Y_a + Y_b}{Y_a - Y_b} & \dfrac{2}{Y_a - Y_b} \\ \dfrac{2Y_aY_b}{Y_a - Y_b} & \dfrac{Y_a + Y_b}{Y_a - Y_b} \end{bmatrix} \begin{bmatrix} V_2 \\ \tilde{I}_2 \end{bmatrix}$$
となる．ただし，$\tilde{I}_2 = -I_2$ である．

(e) 端子対 2-2' に抵抗 R を接続したとき，端子対 1-1' から見込んだインピーダンス $Z_{in} = V_1/I_1$ は
$$Z_{in} = \frac{AR + B}{CR + D} = \frac{(Y_a + Y_b)R + 2}{2Y_aY_bR + Y_a + Y_b}$$

$$= \frac{(Y_a + \frac{1}{Y_a R^2})R + 2}{\frac{2}{R} + Y_a + \frac{1}{Y_a R^2}} = R$$

となる.

(6) (a) 図 5.24(a) のアドミタンス行列は

$$\begin{bmatrix} I_1 \\ I_2 \end{bmatrix} = \begin{bmatrix} \dfrac{1+2sCR}{2(1+sCR)R} & \dfrac{-1}{2(1+sCR)R} \\ \dfrac{-1}{2(1+sCR)R} & \dfrac{1+2sCR}{2(1+sCR)R} \end{bmatrix} \begin{bmatrix} V_1 \\ V_2 \end{bmatrix}$$

となる.

(b) 図 5.24(b) のアドミタンス行列は

$$\begin{bmatrix} I_1 \\ I_2 \end{bmatrix} = \begin{bmatrix} \dfrac{sC(sCR+2)}{2(1+sCR)} & \dfrac{-(sC)^2 R}{2(1+sCR)} \\ \dfrac{-(sC)^2 R}{2(1+sCR)} & \dfrac{sC(sCR+2)}{2(1+sCR)} \end{bmatrix} \begin{bmatrix} V_1 \\ V_2 \end{bmatrix}$$

となる.

(c) (a) と (b) で求めたアドミタンス行列の和が図 1.21 のアドミタンス行列となる. これを縦続行列に変換すると

$$\begin{bmatrix} V_{in} \\ I_1 \end{bmatrix} = \begin{bmatrix} \dfrac{(sCR)^2 + 4sCR + 1}{(sCR)^2 + 1} & \dfrac{2(1+sCR)R}{(sCR)^2 + 1} \\ 4\dfrac{sC(sCR+1)}{(sCR)^2 + 1} & \dfrac{(sCR)^2 + 4sCR + 1}{(sCR)^2 + 1} \end{bmatrix} \begin{bmatrix} V_{out} \\ \tilde{I}_2 \end{bmatrix}$$

となる. ただし, I_1 は V_{in} から Twin-T 回路に流れ込む電流, $\tilde{I}_2$ は Twin-T 回路の出力端子から流れ出す電流としており, $\tilde{I}_2$ は零である.

(d) 図 1.21 の回路では, 出力端子が開放となっている ($\tilde{I}_2 = 0$) ので, V_{out}/V_{in} は, (c) で求めた縦続行列の A 成分の逆数となる. したがって, V_{out}/V_{in} は

$$\frac{V_{out}}{V_{in}} = \frac{(sCR)^2 + 1}{(sCR)^2 + 4sCR + 1}$$

となる.

(7) (a) 図 5.25(b) の右側の回路部分だけの縦続行列は, 演習問題 (4)(a) の結果から

$$\begin{bmatrix} V_2'' \\ -\tilde{I}_2'' \end{bmatrix} = \begin{bmatrix} D_0 & B_0 \\ C_0 & A_0 \end{bmatrix} \begin{bmatrix} V_2 \\ \tilde{I}_2 \end{bmatrix}$$

であることがわかる. したがって, 図 5.25(b) の回路全体の縦続行列は

$$\begin{bmatrix} V_1 \\ I_1 \end{bmatrix} = \begin{bmatrix} A_0 & B_0 \\ C_0 & D_0 \end{bmatrix} \begin{bmatrix} D_0 & B_0 \\ C_0 & A_0 \end{bmatrix} \begin{bmatrix} V_2 \\ \tilde{I}_2 \end{bmatrix}$$

$$= \begin{bmatrix} A_0D_0 + B_0C_0 & 2A_0B_0 \\ 2C_0D_0 & A_0D_0 + B_0C_0 \end{bmatrix} \begin{bmatrix} V_2 \\ \tilde{I}_2 \end{bmatrix}$$

となり，A 成分と D 成分が等しくなる．

(b) 可逆定理から，図 5.25(a) の回路において，$A_0D_0 - B_0C_0 = 1$ が成り立つ．(a) で求めた行列の各成分を $A_0D_0 - B_0C_0$ で割ると

$$\begin{bmatrix} V_1 \\ I_1 \end{bmatrix} = \begin{bmatrix} \dfrac{\dfrac{D_0}{B_0} + \dfrac{C_0}{A_0}}{\dfrac{D_0}{B_0} - \dfrac{C_0}{A_0}} & \dfrac{2}{\dfrac{D_0}{B_0} - \dfrac{C_0}{A_0}} \\ \dfrac{2\dfrac{C_0 D_0}{A_0 B_0}}{\dfrac{D_0}{B_0} - \dfrac{C_0}{A_0}} & \dfrac{\dfrac{D_0}{B_0} + \dfrac{C_0}{A_0}}{\dfrac{D_0}{B_0} - \dfrac{C_0}{A_0}} \end{bmatrix} \begin{bmatrix} V_2 \\ \tilde{I}_2 \end{bmatrix}$$

となる．したがって，$Y_a = D_0/B_0$, $Y_b = C_0/A_0$ とすればよい．

なお，B_0/D_0 は図 5.25(a) の回路の端子対 2-2' を短絡したときの端子対 1-1' から見込んだ駆動点アドミタンス，C_0/A_0 は端子対 2-2' を開放したときの端子対 1-1' から見込んだ駆動点アドミタンスである．

第 6 章

[問 6.1]　$1 + \omega^6 = 0$ を解くと，解は

$$\omega = \pm j, \quad \pm \frac{\sqrt{3}}{2} \pm j\frac{1}{2}$$

となる．これらの解の中から，j を掛けたときに実部が負となるものを選ぶと

$$\omega = j, \quad \pm \frac{\sqrt{3}}{2} + j\frac{1}{2}$$

が得られる．これより，伝達関数 $T_3(s)$ は

$$T_3(s) = \frac{k}{(s+1)(s+\dfrac{1}{2} - j\dfrac{\sqrt{3}}{2})(s+\dfrac{1}{2} + j\dfrac{\sqrt{3}}{2})} = \frac{k}{(s+1)(s^2+s+1)}$$

となる．

[問 6.2]　式 (6.19) の s の代わりに

$$\frac{1}{0.45}\left(\frac{s}{2\pi \times 10^3} + \frac{2\pi \times 10^3}{s}\right)$$

を代入すれば，$T_{4B}(s)$ を求めることができる．$T_{4B}(s)$ は

$$T_{4B}(s) = \frac{ks^2}{D_{4B}(s)}$$

となる．ただし，$D_{4B}(s)$ は

$$\begin{aligned} D_{4B}(s) &= 1.25 \times 10^{-7} s^4 + 5.00 \times 10^{-4} s^3 \\ &\quad + 10.9 s^2 + 1.97 \times 10^4 s + 1.95 \times 10^8 \end{aligned}$$

問 題 解 答　　　　　　　　191

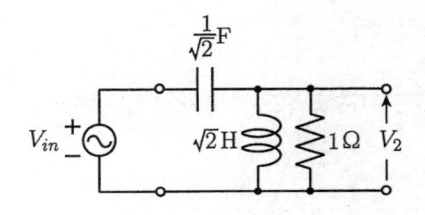

図 A.22　最大平坦特性高域通過型 0-R 型フィルタ

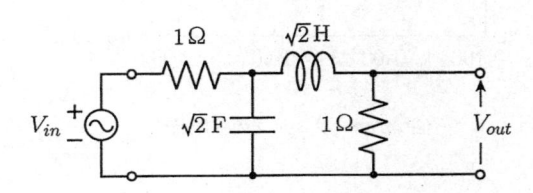

図 A.23　2 次抵抗両終端型 LC フィルタ

であり，係数は有効数字 3 桁で表している．

[問 6.3]　s を $s/(2\pi \times 10^3)$ に置き換えればよいので，インダクタンスと容量値をともに，$2\pi \times 10^3$ で割ればよい．したがって，インダクタンスは約 1.13×10^{-4}H，容量値は約 2.25×10^{-4}F となる．

[問 6.4]　各素子に低域-高域通過変換を行えばよい．s を $1/s$ に置き換えると，$\sqrt{2}$H のインダクタは $1/\sqrt{2}$F の容量に，$1/\sqrt{2}$F の容量は $\sqrt{2}$H のインダクタになる．したがって，図 A.22 となる．

[問 6.5]　Z_{11} の逆数を連分数展開すると
$$\frac{1}{Z_{11}} = \frac{2s^2 + \sqrt{2}s + 1}{\sqrt{2}s + 1} = \sqrt{2}s + \frac{1}{\sqrt{2}s + 1}$$
となる．したがって，図 A.23 が得られる．

演習問題解答

(1) $T(s) = V_2/V_{in}$ は，縦続行列を用いると，容易に求めることができる．図 6.12 のフィルタの縦続行列のみを記述すると

$$\begin{bmatrix} 1 & R_1 \\ 0 & 1 \end{bmatrix} \begin{bmatrix} 1 & 0 \\ sC_2 & 1 \end{bmatrix} \begin{bmatrix} 1 & \dfrac{sL_2}{1+s^2L_2C_2} \\ 0 & 1 \end{bmatrix} \begin{bmatrix} 1 & 0 \\ sC_3 + \dfrac{1}{R_2} & 1 \end{bmatrix}$$

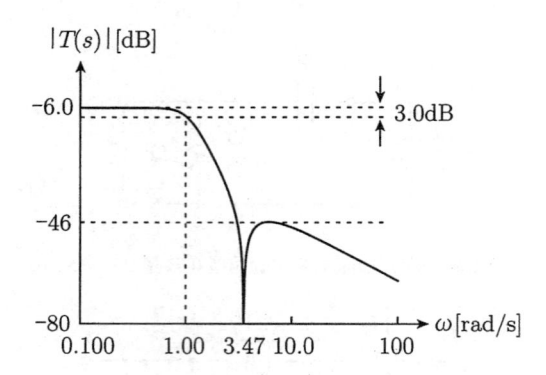

図 **A.24** フィルタの振幅特性

$$= \begin{bmatrix} 1 + sC_1R_1 + \dfrac{sL_2(1+sC_1R_1)(1+sC_3R_2)}{(1+s^2C_2L_2)R_2} + sC_3R_1 + \dfrac{R_1}{R_2} & * \\ * & * \end{bmatrix}$$

となる. $T(s)$ は縦続行列の A 要素の逆数であるから
$$T(s) = \frac{(1+s^2C_2L_2)R_2}{D(s)}$$
となる. ただし, $D(s)$ は
$$\begin{aligned}
D(s) &= s^3(C_1C_2 + C_2C_3 + C_3C_1)L_2R_1R_2 \\
&\quad + s^2\{(C_1+C_2)R_1 + (C_2+C_3)R_2\}L_2 \\
&\quad + s\{L_2 + (C_1+C_3)R_1R_2\} + R_1 + R_2
\end{aligned}$$
である. これに与えられた数値を代入すると
$$T(s) = \frac{(1+0.0830s^2)}{1.84s^3 + 3.73s^2 + 3.78s + 2}$$
となり, また, $|T(s)|$ の概略は図 A.24 となる. ただし, 横軸は対数目盛となっている.

(2) $s = j\omega$ を代入すると, 角周波数 1rad/s と角周波数 −1rad/s について
$$\frac{\omega_0}{\omega_b}\left(\frac{\omega_{c1}}{\omega_0} - \frac{\omega_0}{\omega_{c1}}\right) = -1$$
$$\frac{\omega_0}{\omega_b}\left(\frac{\omega_{c2}}{\omega_0} - \frac{\omega_0}{\omega_{c2}}\right) = 1$$
という, ω_{c1} と ω_{c2} に関する二つの 2 次方程式が得られる. これらを解くと
$$\omega_{c1} = \frac{-\omega_b \pm \sqrt{\omega_b^2 + 4\omega_0^2}}{2}$$
$$\omega_{c2} = \frac{\omega_b \pm \sqrt{\omega_b^2 + 4\omega_0^2}}{2}$$

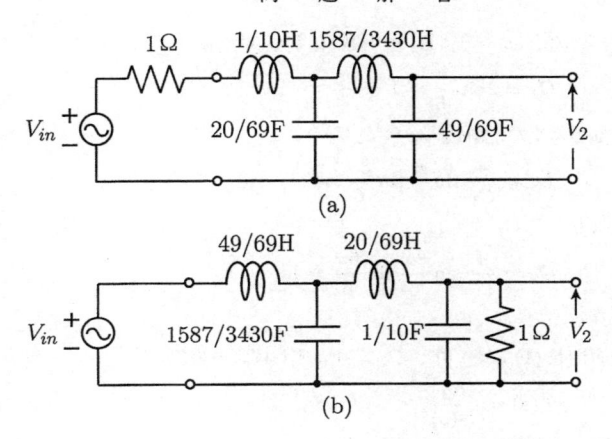

図 A.25　遅延最大平坦 4 次低域通過フィルタ

が得られる．ω_{c1} と ω_{c2} は正であるから
$$\omega_{c1} = \frac{-\omega_b + \sqrt{\omega_b^2 + 4\omega_0^2}}{2}$$
$$\omega_{c2} = \frac{\omega_b + \sqrt{\omega_b^2 + 4\omega_0^2}}{2}$$
となる．また，これらの式から，ω_{c1} と ω_{c2} の差は ω_b であることがわかる．例えば，低域通過型最大平坦特性を，低域-帯域通過変換により，帯域通過型に変換する場合，ω_{c1} と ω_{c2} がそれぞれ帯域通過フィルタの低域と高域の遮断角周波数であり，帯域通過フィルタの帯域幅が ω_b であることが，以上の結果からわかる．

(3) $\coth s$ の展開を第 4 項で打ち切ると
$$\coth s \simeq \frac{1}{s} + \cfrac{1}{\cfrac{3}{s} + \cfrac{1}{\cfrac{5}{s} + \cfrac{1}{\cfrac{7}{s}}}} = \frac{s^4 + 45s^2 + 105}{10s^3 + 105s}$$

となる．これを連分数展開すると
$$\frac{s^4 + 45s^2 + 105}{10s^3 + 105s} = \frac{s}{10} + \cfrac{1}{\cfrac{20s}{69} + \cfrac{1}{\cfrac{1587s}{3430} + \cfrac{1}{\cfrac{49s}{69}}}}$$

が得られる．これは，R-∞ 型の場合，$R_1 = 1\Omega$ としたときの Z_{11} であり，0-R 型の場合，$R_2 = 1\Omega$ としたときの Y_{22} である．このことから，図 A.25 が得られる．

(4) (a) $\alpha_p = \sqrt{2}$, $\omega_c = 1$, $R_1 = 1\Omega$のとき C_1 は
$$C_1 = 2\sin\frac{\pi}{6} = 1$$
となる．また，漸化式から L_2 は
$$L_2 = \frac{4}{C_1}\sin\frac{\pi}{6}\sin\frac{3\pi}{6} = 2$$
となり，C_3 は
$$C_3 = \frac{4}{L_2}\sin\frac{3\pi}{6}\sin\frac{5\pi}{6} = 1$$
となる．

(b) 演習問題 (1) において，$C_2 = 0$ とすればよいので
$$T(s) = \frac{R_2}{D(s)}$$
となる．ただし，$D(s)$ は
$$\begin{aligned}D(s) &= s^3 C_1 C_3 L_2 R_1 R_2 + s^2(C_1 R_1 + C_3 R_2)L_2 \\ &\quad + s\{L_2 + (C_1 + C_3)R_1 R_2\} + R_1 + R_2\end{aligned}$$
である．(a) で求めた数値を代入すると
$$T(s) = \frac{1}{2s^3 + 4s^2 + 4s + 2}$$
となり，問 6.1 で求めた結果と定数倍を除き一致する．

(5) (a) R-∞ 型フィルタの縦続行列のみを記述すると
$$\begin{bmatrix} 1 & 1 \\ 0 & 1 \end{bmatrix}\begin{bmatrix} 1 & 0 \\ \frac{1}{2}s & 1 \end{bmatrix}\begin{bmatrix} 1 & \frac{4}{3}s \\ 0 & 1 \end{bmatrix}\begin{bmatrix} 1 & 0 \\ \frac{3}{2}s & 1 \end{bmatrix}$$
$$= \begin{bmatrix} s^3 + 2s^2 + 2s + 1 & * \\ * & * \end{bmatrix}$$
となる．伝達関数は縦続行列の A 要素の逆数であるから
$$T(s) = \frac{V_2}{V_{in}} = \frac{1}{s^3 + 2s^2 + 2s + 1}$$
が得られる．

(b) $R_2 = 1\Omega$ であるので，(a) で求めた伝達関数から 0-R 型フィルタの 2-2' 端子対から見込んだ駆動点インピーダンス Z_{22} は
$$Z_{22} = \frac{s^3 + 2s}{2s^2 + 1} = \frac{1}{2}s + \frac{1}{\frac{4}{3}s + \frac{2}{3s}}$$
となる．したがって，0-R 型フィルタは図 A.26 となる．

(c) i. 直流において抵抗 R_2 に最大の電力が供給されるためには，$R_1 = R_2$ という関係が必要である．また，直流における $T_{R-R}(s)$ の値は $R_2/(R_1+R_2) = 0.5$ となる．

ii. $|S_{11}(s)|^2$ を求めると
$$|S_{11}(s)|^2 = 1 - 4\frac{R_1}{R_2}|T_{R-R}(s)|^2 = \frac{\omega^6}{1+\omega^6}$$
となる．

iii. ii. の結果から，$S_{11}(s)$ は
$$S_{11}(s) = \frac{\pm s^3}{s^3 + 2s^2 + 2s + 1}$$
となる．

iv. iii. の結果から，$Z_{11}(s)$ は
$$Z_{11}(s) = R_1 \frac{2s^2 + 2s + 1}{2s^3 + 2s^2 + 2s + 1} \text{ または } R_1 \frac{2s^3 + 2s^2 + 2s + 1}{2s^2 + 2s + 1}$$
となる．$R_1 = 1\Omega$ としたときの構成例の一つを図 A.27 に示す．

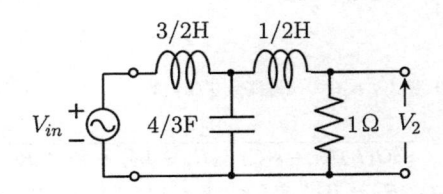

図 A.26 図 6.14 と同じ伝達関数を持つ 0-R 型フィルタ

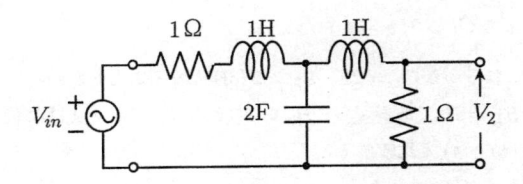

図 A.27 図 6.14 と同じ伝達関数を持つ抵抗両終端型 LC フィルタ

(6) (a) $|T(s)|$ に $s = j\omega$ を代入すると
$$|T(s)| = \frac{k}{\sqrt{(1-\omega^2)^2 + \omega^2}} = \frac{k}{\sqrt{\left(\omega^2 - \frac{1}{2}\right)^2 + \frac{3}{4}}}$$
となるので，$|T(s)|$ は $\omega = 1/\sqrt{2}$ のとき最大で，$|T(s)| = 2k/\sqrt{3}$ となる．

(b) $T(s)$ に $s=0$(直流) を代入すると，$T(0)=k$ なので，k は直流での利得を表していることがわかる．直流では，インダクタは短絡，容量は開放であるから，k は

$$k = \frac{R_2}{R_1+R_2}$$

となる．

(c) (a) と (b) の結果から

$$\frac{1}{2}\sqrt{\frac{R_2}{R_1}} = \frac{2k}{\sqrt{3}}$$

$$k = \frac{R_2}{R_1+R_2} = \frac{1}{1+\dfrac{R_1}{R_2}}$$

を得る．これらの式から R_1/R_2 を消去すると

$$k = \frac{1}{4} \quad \text{または} \quad \frac{3}{4}$$

となる．

(d) 図 6.15 の R-R 型フィルタの伝達関数 $T(s)$ は

$$T(s) = \frac{R_2}{s^2C_1L_2R_1 + s(C_1R_1R_2+L_2) + R_1+R_2}$$

となる．ここで，$R_1=1\Omega$ とすると，$k=1/4$ のとき，$R_2=1/3\Omega$ となる．これを上式に代入し，$T(s)=1/(4s^2+4s+4)$ と比較すると

$$3C_1L_2 = 4$$

$$C_1 + 3L_2 = 4$$

を得る．これらから $C_1=2$F，$L_2=2/3$H となることがわかる．一方，$k=3/4$ のとき，$R_1=1\Omega$ であるから，$R_2=3\Omega$ となり，これを上式に代入し，$T(s)=3/(4s^2+4s+4)$ と比較すると

$$\frac{C_1L_2}{3} = \frac{4}{3}$$

$$C_1 + \frac{L_2}{3} = \frac{4}{3}$$

を得る．これらの式から L_2 を消去し，C_1 に関する方程式を求めると

$$C_1^2 - \frac{4}{3}C_1 + \frac{4}{3} = (C_1 - \frac{2}{3})^2 + \frac{8}{9} = 0$$

となり，この式を満足する実数 C_1 は存在しないことがわかる．したがって，$k=3/4$ のとき，解は存在しない．

(7) $|T(s)|$ に $s = j\omega$ を代入すると
$$|T(s)| = \frac{k}{\sqrt{(1-2\omega^2)^2 + \omega^2(2-\omega^2)}} = \frac{k}{\sqrt{1+\omega^6}}$$
となるので，$|T(s)|$ は $\omega = 0$(直流) のとき最大で，$|T(s)| = k$ となる．また，k は
$$k = \frac{R_2}{R_1 + R_2}$$
である．直流で最大の電力が伝送されるためには，$R_1 = R_2$ であればよい．したがって，$k = 1/2$ となる．また，図 6.16 の R-R 型フィルタの伝達関数 $T(s)$ は，演習問題 (4)(b) の伝達関数と同じなので，$R_1 = R_2 = 1\Omega$ として，この伝達関数と $T(s) = 1/(2s^3 + 4s^2 + 4s + 2)$ を比較する．これより
$$C_1 L_2 C_3 = 2$$
$$(C_1 + C_3)L_2 = 4$$
$$L_2 + C_1 + C_3 = 4$$
を得る．これらの式から $C_1 = 1$F，$L_2 = 2$H，$C_3 = 1$F となることがわかる．

参 考 文 献

(1) 高橋宣明：よくわかる回路理論，オーム社 (1995)
(2) 柳沢健：回路理論基礎，オーム社 (1986)
(3) 岸源也：回路基礎論，コロナ社 (1986)
(4) 岸源也，木田拓郎：線形回路論，共立出版 (1976)
(5) 藤井信生，石井六哉：線形回路解析演習，朝倉書店 (1987)
(6) 古賀利郎：回路の合成，コロナ社 (1981)
(7) 古賀利郎：伝送回路，コロナ社 (1978)
(8) 斉藤伸自，西哲生：回路網合成演習，朝倉書店 (1985)
(9) 大附辰夫：過渡回路解析，オーム社 (1989)
(10) 大石進一：フーリエ解析，岩波書店 (1989)

索引

(五十音順)

あ 行

アドミタンス ……………………… 15
アドミタンス行列 ………………… 103

位相特性 …………………………… 5
イミタンス ………………………… 15
インダクタ ………………………… 7
インダクタンス …………………… 7
インパルス応答 …………………… 4
インパルス関数 …………………… 49
インピーダンス …………………… 15
インピーダンス行列 ……………… 101
インピーダンス・スケーリング …… 146

エネルギー関数 …………………… 63

オイラーの公式 …………………… 4
オームの法則 ……………………… 6

か 行

開放駆動点インピーダンス ……… 102
開放伝達アドミタンス …………… 104
開放伝達インピーダンス ………… 102
開放反電圧伝達関数 ……………… 104
回路関数 …………………………… 54

回路素子 …………………………… 5
可逆 ………………………………… 115
可逆定理 …………………………… 115
重ね合わせの理 …………………… 11
過渡域 ……………………………… 130
過渡項 ……………………………… 47

基準低域通過型関数 ……………… 133
逆回路 ……………………………… 100
キャパシタ ………………………… 7
キャパシタンス …………………… 7
極 …………………………………… 68

駆動点アドミタンス ……………… 56
駆動点インピーダンス …………… 56
クレイマー(Cramer)の公式 …… 21

高域遮断周波数 …………………… 129
高域通過フィルタ ………………… 129
交流電圧源 ………………………… 8
交流電流源 ………………………… 8
コンダクタンス …………………… 7

さ 行

最終値定理 ………………………… 51
最小減衰量 ………………………… 130

3 端子素子 … 5
散乱行列 … 106

軸対称型回路 … 126
実効電力 … 55
時不変 … 2
時不変性 … 1
遮断域 … 129
遮断域端周波数 … 130
遮断周波数 … 129
縦続行列 … 104
縦続接続 … 111
周波数スケーリング … 134
受動回路 … 55
初期値 … 31
初期値定理 … 51
振幅最大平坦特性 … 130
振幅等リプル特性 … 132
振幅特性 … 5

ステップ関数 … 3

正実関数 … 65
節点 … 9
節点解析 … 20
全域通過フィルタ … 129
線形 … 1
線形回路 … 1
線形時不変回路 … 1
線形性 … 1
線形素子 … 10

双一次形式 … 28
素子 … 5

た 行

帯域除去フィルタ … 129
帯域通過フィルタ … 129
畳み込み積分 … 4
短絡駆動点アドミタンス … 103
短絡伝達アドミタンス … 103
短絡伝達インピーダンス … 104
短絡反電流伝達関数 … 104
端子条件 … 101

チェビシェフ特性 … 132
遅延最大平坦特性 … 132
直流電圧源 … 7
直流電流源 … 8
直列接続 … 108

通過域 … 129
通過域内許容偏差 … 130
通過帯域 … 129

低域-高域通過変換 … 134
低域遮断周波数 … 129
低域通過フィルタ … 129
低域-低域通過変換 … 134
抵抗器 … 6
抵抗値 … 6
抵抗両終端型 LC フィルタ … 140
デルタ関数 … 49

テレゲンの定理	57	や 行	
電圧源	7	容量	7
電源	7	容量値	7
電源の等価性	19	4端子回路	101
伝達関数	128	ら 行	
電流源	7		
特殊解	30	ラプラス変換	36
な 行		リアクタンス回路	70
内部抵抗	19	リアクタンス関数	70
2端子素子	5		
2種素子回路	80	理想フィルタ	25
2端子対回路	101		
2端子対回路パラメータ	101	零点	68
入射波ベクトル	105	連分数展開	84
能動回路	55	欧 文	
は 行			
バターワース特性	131	F行列	104
反射波ベクトル	106	Fパラメータ	104
		F_i 行列	105
		F_i パラメータ	105
フィルタ	128		
フィルタの次数	130	G行列	105
複素表示	14	Gパラメータ	105
部分分数展開	45		
フルビッツ多項式	70	H行列	105
		Hパラメータ	105
並列接続	109		
閉路	10	LCR回路	31
閉路解析	20	LR回路	30

索　引

LR 2 端子回路 ………………… 80
RC 2 端子回路 ………………… 80
0-R 型構成 …………………… 138

R-R 型構成 …………………… 140
R-∞ 型構成 …………………… 135

S 行列 ………………………… 106

S パラメータ ………………… 105

Y 行列 ………………………… 103
Y パラメータ ………………… 103

Z 行列 ………………………… 102
Z パラメータ ………………… 102

MEMO

線形回路理論　正誤表

ページ	誤	正
p.3, 下から 5 行目	$h(t-(n+1)\Delta)$	$h(t-(n+1)\Delta t)$
p.5, [問 1.1]	ラプラス変換	フーリエ変換
p.13, 式 (1.36)	$a_i(t-\pi/2)$	$a_i\left(t-\dfrac{\pi}{2\omega}\right)$
p.13, 式 (1.37)	$a_0\left(t-\dfrac{\pi}{2}\right)$	$a_0\left(t-\dfrac{\pi}{2\omega}\right)$
p.47, 式 (2.101)	$k-l$	$k-l+1$
p.108, 図 5.8 一番左の I_1'	I_1'	I_1
p.109, 図 5.9 一番左の I_1'	I_1'	I_1
p.112, 図 5.8 一番左の I_1'	I_1'	I_1
p.113, 式 (5.53)	$\dfrac{1}{Y_{11}Y_{22}-Y_{12}Y_{21}}\begin{bmatrix}Y_{22} & -Y_{12}\\-Y_{21} & Y_{11}\end{bmatrix}^{-1}$	$\dfrac{1}{Y_{11}Y_{22}-Y_{12}Y_{21}}\begin{bmatrix}Y_{22} & -Y_{12}\\-Y_{21} & Y_{11}\end{bmatrix}$
p.113, 式 (5.54)	$\dfrac{1}{Z_{11}Z_{22}-Z_{12}Z_{21}}\begin{bmatrix}Z_{22} & -Z_{12}\\-Z_{21} & Z_{11}\end{bmatrix}^{-1}$	$\dfrac{1}{Z_{11}Z_{22}-Z_{12}Z_{21}}\begin{bmatrix}Z_{22} & -Z_{12}\\-Z_{21} & Z_{11}\end{bmatrix}$
p.147, 8 行目	$S_{11}x(j\omega)$	$S_{11}(j\omega)$
p.147, 式 (6.92)	$S_{11}x(j\omega)$	$S_{11}(j\omega)$
p.182, [問 5.3]	$\begin{bmatrix}V_1\\I_1\end{bmatrix}=\begin{bmatrix}1 & Z\\0 & 1\end{bmatrix}\begin{bmatrix}V_2\\\tilde{I}_2\end{bmatrix}$	$\begin{bmatrix}V_1\\I_1\end{bmatrix}=\begin{bmatrix}1 & 0\\1/Z & 1\end{bmatrix}\begin{bmatrix}V_2\\\tilde{I}_2\end{bmatrix}$
p.182, [問 5.3]	$\begin{bmatrix}V_1\\I_1\end{bmatrix}=\begin{bmatrix}1 & 0\\Y & 1\end{bmatrix}\begin{bmatrix}V_2\\\tilde{I}_2\end{bmatrix}$	$\begin{bmatrix}V_1\\I_1\end{bmatrix}=\begin{bmatrix}1 & 1/Y\\0 & 1\end{bmatrix}\begin{bmatrix}V_2\\\tilde{I}_2\end{bmatrix}$

著者略歴

高(たか)木(ぎ)茂(しげ)孝(たか)

1986年　東京工業大学大学院博士課程修了
現　在　東京工業大学大学院理工学研究科
　　　　教授
　　　　工学博士

線形回路理論　　　　　　　　　　　定価はカバーに表示

2004年10月25日　初版第1刷
2014年 9月15日　新版第1刷

　　　著　者　髙　木　茂　孝
　　　発行者　朝　倉　邦　造
　　　発行所　株式会社　朝　倉　書　店
　　　　　　　東京都新宿区新小川町 6-29
　　　　　　　郵便番号　162-8707
　　　　　　　電　話　03(3260)0141
　　　　　　　FAX　03(3260)0180
　　　　　　　http://www.asakura.co.jp

〈検印省略〉

© 2014〈無断複写・転載を禁ず〉

ISBN 978-4-254-22163-3　　C 3055

JCOPY 〈(社)出版者著作権管理機構 委託出版物〉

本書の無断複写は著作権法上での例外を除き禁じられています．複写される場合は，そのつど事前に，(社) 出版者著作権管理機構 (電話 03-3513-6969, FAX 03-3513-6979, e-mail:info@jcopy.or.jp) の許諾を得てください．

九州工業大学情報科学センター編
デスクトップLinuxで学ぶ コンピュータ・リテラシー
12196-4 C3041　　　　B5判 304頁 本体3000円

情報処理基礎テキスト（UbuntuによるPC-UNIX入門）。自宅PCで自習可能。［内容］UNIXの基礎／エディタ，漢字入力／メール，Web／図の作製／LATEX／UNIXコマンド／簡単なプログラミング他

前東北大 丸岡　章著
情報トレーニング
——パズルで学ぶ，なっとくの60題——
12200-3 C3041　　　　A5判 196頁 本体2700円

導入・展開・発展の三段階にレベル分けされたパズル計60題を解きながら，情報科学の基礎的な概念・考え方を楽しく学べる新しいタイプのテキスト。各問題にヒントと丁寧な解答を付し，独習でも取り組めるよう配慮した。

前日本IBM 岩野和生著
情報科学こんせぷつ4
アルゴリズムの基礎
——進化するIT時代に普遍な本質を見抜くもの——
12704-1 C3341　　　　A5判 200頁 本体2900円

コンピュータが計算をするために欠かせないアルゴリズムの基本事項から，問題のやさしさ難しさまでを初心者向けに実質的にやさしく説き明かした教科書〔内容〕計算複雑度／ソート／グラフアルゴリズム／文字列照合／NP完全問題／近似解法

慶大 河野健二著
情報科学こんせぷつ5
オペレーティングシステムの仕組み
12705-8 C3341　　　　A5判 184頁 本体3200円

抽象的な概念をしっかりと理解できるよう平易に記述した入門書。〔内容〕I/Oデバイスと割込み／プロセスとスレッド／スケジューリング／相互排除と同期／メモリ管理と仮想記憶／ファイルシステム／ネットワーク／セキュリティ／Windows

明大 中所武司著
情報科学こんせぷつ7
ソフトウェア工学（第3版）
12714-0 C3341　　　　A5判 160頁 本体2600円

ソフトウェア開発にかかわる基礎的な知識と"取り組み方"を習得する教科書。ISOの品質モデル，PMBOK，UMLについても説明。初版・2版にはなかった演習問題を各章末に設定することで，より学習しやすい内容とした。

日本IBM 福田剛志・日本IBM 黒澤亮二著
情報科学こんせぷつ12
データベースの仕組み
12713-3 C3341　　　　A5判 196頁 本体3200円

特定のデータベース管理ソフトに依存しない，システムの基礎となる普遍性を持つ諸概念を詳説。〔内容〕実体関連モデル／リレーショナルモデル／リレーショナル代数／SQL／リレーショナルモデルの設計論／問合せ処理と最適化／X Query

東北大 安達文幸著
電気・電子工学基礎シリーズ8
通信システム工学
22878-6 C3354　　　　A5判 176頁 本体2800円

図を多用し平易に解説。〔内容〕構成／信号のフーリエ級数展開と変換／信号伝送とひずみ／信号対雑音電力比と雑音指数／アナログ変調（振幅変調，角度変調）／パルス振幅変調・符号変調／ディジタル変調／ディジタル伝送／多重伝送／他

東北大 塩入　諭・東北大 大町真一郎著
電気・電子工学基礎シリーズ18
画像情報処理工学
22888-5 C3354　　　　A5判 148頁 本体2500円

人間の画像処理と視覚特性の関連および画像処理技術の基礎を解説。〔内容〕視覚の基礎／明度知覚と明暗画像処理／色覚と色画像処理／画像の周波数解析と視覚処理／画像の特徴抽出／領域処理／二値画像処理／認識／符号化と圧縮／動画像処理

石巻専修大 丸岡　章著
電気・電子工学基礎シリーズ17
コンピュータアーキテクチャ
——その組み立て方と動かし方をつかむ——
22887-8 C3354　　　　A5判 216頁 本体3000円

コンピュータをどのように組み立て，どのように動かすのかを，予備知識がなくても読めるよう解説。〔内容〕構造と働き／計算の流れ／情報の表現／論理回路と記憶回路／アセンブリ言語と機械語／制御／記憶階層／コンピュータシステムの制御

室蘭工大 永野宏治著
信号処理とフーリエ変換
22159-6 C3055　　　　A5判 168頁 本体2500円

信号・システム解析で使えるように，高校数学の復習から丁寧に解説。〔内容〕信号とシステム／複素数／オイラーの公式／直交関数系／フーリエ級数展開／フーリエ変換／ランダム信号／線形システムの応答／ディジタル信号ほか

九大 川邊武俊・前防衛大 金井喜美雄著
電気電子工学シリーズ11
制　　御　　工　　学
22906-6 C3354　　　　A5判 160頁 本体2600円

制御工学を基礎からていねいに解説した教科書。〔内容〕システムの制御／線形時不変システムと線形常微分方程式，伝達関数／システムの結合とブロック図／線形時不変システムの安定性，周波数応答／フィードバック制御系の設計技術／他

東北大 安藤　晃・東北大 犬竹正明著
電気・電子工学基礎シリーズ5
高　電　圧　工　学
22875-5 C3354　　　　A5判 192頁 本体2800円

広範な工業生産分野への応用にとっての基礎となる知識と技術を解説。〔内容〕気体の性質と荷電粒子の基礎過程／気体・液体・固体中の放電現象と絶縁破壊／パルス放電と雷現象／高電圧の発生と計測／高電圧機器と安全対策／高電圧・放電応用

前長崎大 小山　純・福岡大 伊藤良三・九工大 花本剛士・九工大 山田洋明著
最新 パワーエレクトロニクス入門
22039-1 C3054　　　　A5判 152頁 本体2800円

PWM制御技術をわかりやすく説明し，その技術の応用について解説した。口絵に最新のパワーエレクトロニクス技術を活用した装置を掲載し，当社のホームページから演習問題の詳解と，シミュレーションプログラムをダウンロードできる。

東北大 松木英敏・東北大 一ノ倉理著
電気・電子工学基礎シリーズ2
電磁エネルギー変換工学
22872-4 C3354　　　　A5判 180頁 本体2900円

電磁エネルギー変換の基礎理論と変換機器を扱う上での基礎知識および代表的な回転機の動作特性と速度制御法の基礎について解説。〔内容〕序章／電磁エネルギー変換の基礎／磁気エネルギーとエネルギー変換／変圧器／直流機／同期機／誘導機

福岡大 西嶋喜代人・九大 末廣純也著
電気電子工学シリーズ13
電気エネルギー工学概論
22908-0 C3354　　　　A5判 196頁 本体2900円

学部学生のために，電気エネルギーについて主に発生，輸送と貯蔵の観点からわかりやすく解説した教科書。〔内容〕エネルギーと地球環境／従来の発電方式／新しい発電方式／電気エネルギーの輸送と貯蔵／付録：慣用単位の相互換算など

前阪大 浜口智尋・阪大 森　伸也著
電　子　物　性
―電子デバイスの基礎―
22160-2 C3055　　　　A5判 224頁 本体3200円

大学学部生・高専学生向けに，電子物性から電子デバイスまでの基礎をわかりやすく解説した教科書。近年目覚ましく発展する分野も丁寧にカバーする。章末の演習問題には解答を付け，自習用・参考書としても活用できる。

九大 浅野種正著
電気電子工学シリーズ7
集　積　回　路　工　学
22902-8 C3354　　　　A5判 176頁 本体2800円

問題を豊富に収録し丁寧にやさしく解説〔内容〕集積回路とトランジスタ／半導体の性質とダイオード／MOSFETの動作原理・モデリング／CMOSの製造プロセス／ディジタル論理回路／アナログ集積回路／アナログ・ディジタル変換／他

前阪大 浜口智尋・阪大 谷口研二著
半導体デバイスの基礎
22155-8 C3055　　　　A5判 224頁 本体3600円

集積回路の微細化，次世代メモリ素子等，半導体の状況変化に対応させていねいに解説。〔内容〕半導体物理への入門／電気伝導／pn接合型デバイス／界面の物理と電界効果トランジスタ／光電効果デバイス／量子井戸デバイスなど／付録

前青学大 國岡昭夫・信州大 上村喜一著
新版 基 礎 半 導 体 工 学
22138-1 C3055　　　　A5判 228頁 本体3400円

理解しやすい図を用いた定性的説明と式を用いた定量的な説明で半導体を平易に解説した全面的改訂新版。〔内容〕半導体中の電気伝導／pn接合ダイオード／金属―半導体接触／バイポーラトランジスタ／電界効果トランジスタ

東北大 田中和之・秋田大 林　正彦・前東北大 海老澤丕道著
電気・電子工学基礎シリーズ21
電子情報系の 応　用　数　学
22891-5 C3354　　　　A5判 248頁 本体3400円

専門科目を学習するために必要となる項目の数学的定義を明確にし，例題を多く入れ，その解法を可能な限り詳細かつ平易に解説。〔内容〕フーリエ解析／複素関数／複素積分／複素関数の展開／ラプラス変換／特殊関数／2階線形偏微分方程式

前広島工大 中村正孝・広島工大 沖根光夫・
広島工大 重広孝則著
電気・電子工学テキストシリーズ3
電　気　回　路
22833-5 C3354　　　　　　B 5 判 160頁 本体3200円

工科系学生向けのテキスト。電気回路の基礎から丁寧に説き起こす。〔内容〕交流電圧・電流・電力／交流回路／回路方程式と諸定理／リアクタンス1端子対回路の合成／3相交流回路／非正弦波交流回路／分布定数回路／基本回路の過渡現象／他

東北大 山田博仁著
電気・電子工学基礎シリーズ7
電　気　回　路
22877-9 C3354　　　　　　A 5 判 176頁 本体2600円

電磁気学との関係について明確にし，電気回路学に現れる様々な仮定や現象の物理的意味について詳述した教科書。〔内容〕電気回路の基本法則／回路素子／交流回路／回路方程式／線形回路において成り立つ諸定理／二端子対回路／分布定数回路

前九大 香田　徹・九大 吉田啓二著
電気電子工学シリーズ2
電　気　回　路
22897-7 C3354　　　　　　A 5 判 264頁 本体3200円

電気・電子系の学科で必須の電気回路を，初学年生のためにわかりやすく丁寧に解説。〔内容〕回路の変数と回路の法則／正弦波と複素数／交流回路と計算法／直列回路と共振回路／回路に関する諸定理／能動2ポート回路／3相交流回路／他

前京大 奥村浩士著
電　気　回　路　理　論
22049-0 C3054　　　　　　A 5 判 288頁 本体4600円

ソフトウェア時代に合った本格的電気回路理論。〔内容〕基本知識／テブナンの定理等／グラフ理論／カットセット解析等／テレゲンの定理／簡単な線形回路の応答／ラプラス変換／たたみ込み積分等／散乱行列等／状態方程式等／問題解答

信州大 上村喜一著
基　礎　電　子　回　路
―回路図を読みとく―
22158-9 C3055　　　　　　A 5 判 212頁 本体3200円

回路図を読み解き・理解できるための待望の書。全150図。〔内容〕直流・交流回路の解析／2端子対回路と増幅回路／半導体素子の等価回路／バイアス回路／基本増幅回路／結合回路と多段増幅回路／帰還増幅と発振回路／差動増幅器／付録

前工学院大 曽根　悟訳
図解 電　子　回　路　必　携
22157-2 C3055　　　　　　A 5 判 232頁 本体4200円

電子回路の基本原理をテーマごとに1頁で簡潔・丁寧にまとめられたテキスト。〔内容〕直流回路／交流回路／ダイオード／接合トランジスタ／エミッタ接地増幅器／入出力インピーダンス／過渡現象／デジタル回路／演算増幅器／電源回路，他

前広島国際大 菅　博・広島工大 玉野和保・
青学大 井出英人・広島工大 米沢良治著
電気・電子工学テキストシリーズ1
電　気・電　子　計　測
22831-1 C3354　　　　　　B 5 判 152頁 本体2900円

工科系学生向けテキスト。電気・電子計測の基礎から順を追って平易に解説。〔内容〕第1編「電磁気計測」(19教程)―測定の基礎／電気計器／検流計／他。第2編「電子計測」(13教程)―電子計測システム／センサ／データ変換／変換器／他

前理科大 大森俊一・前工学院大 根岸照雄・
前工学院大 中根　央著
基　礎　電　気・電　子　計　測
22046-9 C3054　　　　　　A 5 判 192頁 本体2800円

電気計測の基礎を中心に解説した教科書，および若手技術者のための参考書。〔内容〕計測の基礎／電気・電子計測器／計測システム／電流，電圧の測定／電力の測定／抵抗，インピーダンスの測定／周波数，波形の測定／磁気測定／光測定／他

九大 岡田龍雄・九大 船木和夫著
電気電子工学シリーズ1
電　磁　気　学
22896-0 C3354　　　　　　A 5 判 192頁 本体2800円

学部初学年の学生のためにわかりやすく，ていねいに解説した教科書。静電気のクーロンの法則から始めて定常電界，定常電流が作る磁界，電磁誘導の法則を記述し，その集大成としてマクスウェルの方程式へとたどり着く構成とした

元大阪府大 沢新之輔・摂南大 小川英一・
前愛媛大 小野和雄著
エース電気・電子・情報工学シリーズ
エース 電　磁　気　学
22741-3 C3354　　　　　　A 5 判 232頁 本体3400円

演習問題と詳解を備えた初学者用大好評教科書。〔内容〕電磁気学序説／真空中の静電界／導体系／誘電体／静電界の解法／電流／真空中の静磁界／磁性体と静磁界／電磁誘導／マクスウェルの方程式と電磁波／付録：ベクトル演算，立体角

上記価格（税別）は 2014 年 8 月現在